ERCI TIAOJIE JINGYE CHUANDONG XINJISHU
YANJIU JI YINGYONG

二次调节静液传动新技术研究及应用

臧发业 著

U0322356

化学工业出版社

·北京·

内 容 简 介

本书共 6 章，主要介绍了二次调节静液传动新技术的基础知识及研究意义，其中重点内容包括非恒压网络传动系统结构及节能机理、能量转换储存关键技术研究、惯性动能的回收与再利用、重力势能的回收与再利用，最后总结了二次调节静液传动新技术研究成果并对未来研究方向进行了展望。

本书具有较强的技术性、实用性和针对性，符合当前节能减排的倡导，可供从事机械动力、蓄能等的工程技术人员、研究人员参考，也可供高等学校机械工程、能源工程及相关专业师生参阅。

图书在版编目（CIP）数据

二次调节静液传动新技术研究及应用/臧发业著．
—北京：化学工业出版社，2020.11
ISBN 978-7-122-37640-4

Ⅰ．①二… Ⅱ．①臧… Ⅲ．①静液压传动
Ⅳ．①TH137

中国版本图书馆 CIP 数据核字（2020）第 165254 号

责任编辑：刘　婧　刘兴春　　　　　　　装帧设计：刘丽华
责任校对：王　静

出版发行：化学工业出版社（北京市东城区青年湖南街 13 号　邮政编码 100011）
印　　装：北京虎彩文化传播有限公司
710mm×1000mm　1/16　印张 13　字数 198 千字　2020 年 11 月北京第 1 版第 1 次印刷

购书咨询：010-64518888　　　　　　　　售后服务：010-64518899
网　　址：http://www.cip.com.cn
凡购买本书，如有缺损质量问题，本社销售中心负责调换。

定　　价：85.00 元

二次调节静液传动系统具有能量回收和重新利用的功能，在工程实践中有着广阔的应用前景。二次调节系统在恒压网络工作时压力基本恒定，蓄能器的压力变化范围较小，能量的回收、转换储存和重新利用受到了限制。所以，研究人员提出了两个解决方法：一是让二次调节系统在非恒压网络中工作，从而增大了液压系统的工作压力范围；另一个是在液压系统中采用液压变压器对工作压力进行无级调节。针对恒压网络中压力变化小，限制了能量的回收和再利用等问题，本书提出了非恒压网络二次调节静液传动系统，研究了非恒压网络二次调节静液传动系统的理论基础与关键技术。

本书对单、双作用叶片式二次元件与液压变压器的结构、参数、应用性能进行了研究，设计了3种双作用叶片式二次元件与液压变压器的电控、液控与机控变量变压方法及装置，2种单作用叶片式二次元件、液压变压器的液控与机控变量变压方法及装置；提出了通过旋转双作用叶片式二次元件、液压变压器的定子，调节定子与配流盘的位置关系，使得由转子、定子、叶片及配流盘构成的2个封闭区域的容积不断变化，从而改变进、排油窗口的位置和大小，引起流量大小和油流方向发生改变，实现变量、变压；提出了通过调节单作用叶片式二次元件、液压变压器定子的位置来控制转子和定子偏心距的大小和方向，使得由定子、转子、叶片及配流盘组成的封闭区域容积的不断变化，引起流量大小和油流方向的改变，实现变量、变压。

此外，本书针对非恒压网络中静液传动系统能量回收与再利用受负载变化影响大的缺点，提出一种新型能量蓄存与释放的控制方法，研究了新型蓄释能装置的结构方案与主要技术参数。针对叶片式二次元件与液压变压器不同负载工况下，可控性受外界干扰影响较大及二次调节静液传动系统的时滞、时变、非线性等不确定因素，设计了二次调节静液传动系统的智能控制策略和两种控制器，应用于公交客车并联式二次调节混合动力传动系统、机器人移动平台二次调节电液驱动系统、挖掘机挖斗二次调节举升装置和立体停车库二次调节液压提升系统中，并对系统性能进行了研究。

本书由山东交通学院臧发业著，旨在通过研究，揭示非恒压网络中二次调节静液传动系统的节能特性，探索了能量回收、转换储存与再利用规律，构建起非恒压网络二次调节静液传动系统的基础理论体系，对开发自主知识产权的叶片式二次元件、液压变压器及其产业化，以及二次调节静液传动技术在工程上的广泛应用具有重大的推动作用。本书具有较强的技术性、应用性和针对性，可供从事机械动力、蓄能等领域的工程技术人员、科研人员参考，也供高等学校机械工程、能源工程及相关专业师生参阅。

限于著者水平和编写时间，书中不足和疏漏之处在所难免，敬请读者批评指正。

著者
2020 年 4 月

目录

第 1 章

绪 论

二次调节静液传动系统具有能量回收和重新利用的优点而在机械传动领域有着日益广阔的应用前景。然而，由于恒压网络中系统工作压力变化小，限制了能量的回收和再利用，因此，在非恒压网络中研究二次调节系统的有关理论及其关键技术是一项非常重要的课题。本章对二次调节静液传动系统的研究现状进行了分析和总结，有利于该领域专业人士开展进一步的深入研究。

1.1 本书编写的目的与意义

液压传动以其传动平稳、调速方便、功率质量比大、控制特性好等优点，在工程领域得到了广泛的应用，在某些领域中甚至占有压倒性的优势。例如，国外现在生产的工程机械大约 95％ 都采用了液压传动。目前，液压传动已成为机械传动领域中重要的传动形式之一，液压传动系统的动态性能对整个机械系统的性能有直接影响[1-4]。尤其是液压传动系统的能量利用率即传动效率并不高，例如挖掘机能量利用率一般不超过 30％，如此多的能量损失不仅造成了很大的浪费，也对设备的可靠性和工作性能产生较大影响。

当前，能源短缺已成为全球性问题，节能减排成为各国面临的一项紧迫课题,在我国尤为严重。为提高能量的利用率和液压传动工作效率,人们进行了大量的探索和研究,提出了基于能量回收与重新利用的二次调节静液传动系统。该系统可大大提高液压传动系统的工作效率[5]。到目前为止,国内外学者、专家所研究的二次调节静液传动系统,基本上都是压力耦联的静液传动系统,而对非恒压网络流量耦联二次调节系统的工作机理和性能等的研究尚处于初级阶段,特别是对非恒压网络二次调节系统能量转换储存的关键技术,如能量转换元件、储能装置及其控制技术、节能特性和应用系统性能等问题的研究还不够成熟,限制了二次调节系统的推广应用。

目前所用的二次元件、液压变压器大都是斜盘式轴向柱塞式二次元件、液压变压器,这种柱塞式二次元件、液压变压器结构复杂、制造成本高、价格昂贵,同时内泄漏大、效率低、噪声大,并且工作压力高(一般在 30~40MPa 之间)最高压力可达 45MPa,对液压系统和液压元件的要求高,因而其应用受到了一定的限制,这也是目前柱塞式二次元件、液压变压器没有得到广泛应用的原因。叶片式二次元件、液压变压器就是在这种背景下提出来的,叶片式二次元件、液压变压器包括单作用叶片式二次元件、液压变压器和双作用叶片式二次元件、液压变压器[6,7]。单作用叶片式二次元件、液压变压器的工作压力较低,一般在 10MPa 以下;与单作用叶片式二次元件、液压变压器相比,双作用叶片式二次元件、液压变压器的工作压力高且范围大,适合在 10~25MPa 的中压和中高压范围内工作,可见叶片式二次元件、液压变压器扩大了二次元件、液压变压器的种类和应用范围。与柱塞式二次元件、液压变压器相比,叶片式二次元件、液压变压器的流量脉动小,压力波动小,能够实现准确控制;同时具有结构简单、制造成本低、内泄漏小、噪声低等优点,特别适合于小型客车、出租车传动系统,以及车辆制动、碰撞实验台、抽油机、小型矿井提升机、挖掘机上的应用[8]。因此,对叶片式二次元件与液压变压器的研究,可解决二次元件与液压变压器品种单一和应用范围小的问题。

工作在恒压网络中的压力耦联二次调节静液传动系统,系统工作压力变化范围小,从而限制了系统制动动能和重力势量的回收、转换储存和重新利用。所以，研究人员提出了两个解决方法：一是让二次调节系统在非恒压网络中工作，从而增大了液压系统的工作压力范围；另一个是在液压系统中采用液压变压器对工作压力进行无级调节[5]。然而，在非恒压网络中，二次调节系统通常不配置液压泵，没有恒压油源，负载变化对液压蓄能器的充油压力影响很大。例如，运行工况复杂多变的公交汽车，不同工况下其具有的动能不同，于是回收、转换储存的制动动能多少不同，液压蓄能器中液压油的压力就有高有低，而液压蓄能器充油后液压油的压力越高，其能量的利用效果就越好；反之则越差。目前，在用的二次调节系统中，蓄能器通常直接连接在系统的主油路，工作过程中不对液压蓄能器的充油和放油过程进行控制，在能量的重新利用过程中，储存在蓄能器中的高压油就会同时释放出来。但在运行过程中，公交汽车的乘载质量和行驶速度不断变化，工况转换频繁，当乘载人员质量小或行驶速度较低时，公交汽车在启动、加速、运行时消耗功率就少。如果不对二次调节系统储存在蓄能器中高压油的释放过程进行控制，许多能量就会白白地浪费掉了。针对这一状况，笔者提出了一种二次调节系统工作在非恒压网络中的蓄释能控制方法，并设计了新型蓄释能装置。新型蓄释能装置由2个及2个以上的蓄能回路构成，每个蓄能回路都是可控的。在能量回收过程中，根据负载所具有的动能、重力能的多少控制一个或多个蓄能回路依次工作。在能量重新利用时，根据公交汽车运行的不同工况，同时控制一个或多个蓄能回路释放高压油，保证工作时液压蓄能器中液压油具有较高的压力，目的是提高液压蓄能器中能量的再利用率和利用效果。对非恒压网络中二次调节系统的理论基础与关键技术进行深入研究，有利于扩大二次调节系统在工程领域上的广泛应用。

二次调节静液传动系统受自身特性和所用介质等因素的影响，使系统既具有滞环、死区、库伦摩擦等非线性特征，同时还存在油液体积弹性模量、系统阻尼、油液黏度等参数对油温、油压、阀开口流量的变化比较敏感等缺点，因此，对二次调节系统的控制，控制器需要具有较高稳定性和鲁棒性。采用常规的控制策略，例如 PID、模糊控制、神经网络控制等方法，控制效果很难令人满意，因此必须引入新的控制策略及新型智能控制器。基于 Hamiltonian 泛函法的 H_∞ 控制和将神经网络、模糊控制与专家控制相结合的智能复合控制，可根据二次调节系统状态不同和对控制过程在不同时间的不同要求，采用相应控制策略和模式的智能控制方法，能同时兼顾对控制系统动态、静态等多种性能指标的要求，达到理想的控制效果。因此，针对二次调节系统的时滞、时变、非线性等不确定因素，采用基于 Hamiltonian 泛函法的 H_∞ 控制或智能复合控制，能够有效地解决系统的非线性问题。

在非恒压网络中将二次调节系统应用到公交客车混合动力传动系统中，研究传动系统的性能，探索公交客车制动能量和重力能的回收、转换储存和重新利用规律，提出混合动力公交客车制动动能和重力能回收、转换储存与重新利用的控制方式、控制算法与控制技术。本书的研究可基本形成非恒压网络中二次调节系统的理论与技术体系，对开发自主知识产权的叶片式二次元件、叶片式液压变压器及其产业化，和二次调节系统在工业工程领域中的广泛应用具有很高的理论研究意义和实际应用价值。

本书是在国家自然科学基金项目"饱和非线性时滞系统基于 Hamilton 方法的有限时间控制研究"（61773015）、山东省自然科学基金项目"非恒压网络中二次调节静液传动系统的理论基础及相关技术研究"（ZR2011EEM032）、"一类非线性时滞系统基于能量的有限时间稳定分析、控制与应用"（ZR2014FM033）、山东省科技发展计划项目"非恒压网络中二次调节静液传动关键技术开发"（2013GGB01119）、山东交通学院攀登计划科研创新团队"高端装备与智能控制"（SDJTUC1805）的科研成果的总结和支持下进行的，主要对非恒压网络二次调节静液传动系统的理论、关键技术及应用性能进行了深入的理论和实验研究。

1.2 二次调节静液传动系统的概述

二次调节静液传动就是通过调节系统中液压元件的工况，进行机械能与液压能的互相转换[9]。在液压系统中，将机械能转化为液压能的元件称为一次元件，如液压泵；将机械能与液压能互相转换的元件称为二次元件[10]，也称为二次元件。为实现能量的回收和重新利用，二次调节静液传动系统采用的液压元件应具有可逆功能[11]。为使液压油缸和定量液压马达能够在二次调节静液传动系统中工作，人们研究开发了另一种能量转换元件——液压变压器。液压变压器能把一定压力下的输入液压能无节流损失地转换为另一种压力下的输出液压能，可以对恒压网络中多个互不相关的负载进行独立控制，还能使能量逆向流动，并与液压蓄能器联合使用进行能量的回收和重新利用，不仅可以无节流损失地驱动旋转负载，而且还可以驱动直线负载[12]。二次调节静液传动系统的控制方式通常采取闭环伺服控制。在工作压力不变的情况下，通过调节二次元件的排量来改变转速、转矩，不但能实现功率匹配，还可对工作装置的制动动能、重力势能进行回收和重新利用，并且还能够与若干个互不相关的负载进行连接，控制二次元件的转速、转矩等参数。另外，二次调节静液传动系统控制性能可靠、灵活方便，为解决目前静液传动中某些难以控制的问题提供了有利的条件[13]。

研究二次调节静液传动系统的关键是能量回收、转换储存与重新利用的机理，关键元件及主要工作参数的优化匹配，系统控制策略、算法和控制器设计及控制性能研究等[14]。目前，国内有关研究人员非常重视二次调节静液传动系统的应用研究，努力拓展该项技术的工程应用范围。国外对恒压网络中二次调节静液传动系统的理论研究及工程应用日趋成熟，而国内仍限于理论与技术研究的开发阶段，距工程实际应用尚有一定距离。较之恒压网络二次调节静液传动系统，非恒压网络中系统的工作压力调节范围更大，工程应用也更广泛。

1.2.1 二次调节静液传动系统的工作原理

图 1-1 为二次调节静液传动系统的结构与工作原理示意，系统主要由二次元件、变量油缸、电液伺服阀、恒压变量泵、液压蓄能器和控制器等组成[5]。

工作时，变量油缸在电液伺服阀的控制下向左或向右移动，通过改变二次元件的斜盘倾角大小调节二次元件的排量，从而使扭矩的大小也随之变化，直至达到新的平衡状态。二次元件可在任一转速下重新达到平衡状

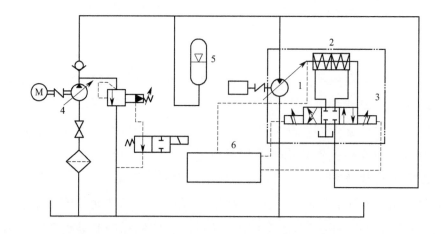

图 1-1   二次调节静液传动系统的结构与工作原理示意

1—二次元件；2—变量油缸；3—电液伺服阀；4—恒压变量泵；5—液压蓄能器；6—控制器

态，通过调节电液伺服阀的输入电流，可无级调节二次元件的转速。二次元件的转速会随着外负载扭矩的改变而变化，而转速改变又会导致二次元件排量的改变。如果负载扭矩增大，那么二次元件的转速就会下降，这样进入变量油缸的流量随之变小，引起压力差的减小，变量油缸的活塞向右移动，使得二次元件的排量增大，从而使其扭矩增大，转速回升，直到达到二次元件的设定转速。

在二次调节静液传动系统中，二次元件是通过调节其排量来适应负载转矩、转速的变化。二次元件能够在由转矩、转速构成的坐标轴的 4 个象限内工作，其工作工况不断地在"液压马达"和"液压泵"之间交替转换。二次元件工作在"液压泵"工况时，回收二次调节静液传动系统的能量，将其储存于液压蓄能器中，实现能量的回收；在"液压马达"工况工作时，在系统输出能量的作用下二次元件驱动负载旋转。

由恒压变量泵和蓄能器构成的二次调节静液传动系统的恒压油源，其动态特性较好，对二次调节静液传动系统输出性能的影响非常小，因此在进行系统性能研究时，常常予以忽略，并且系统的工作压力基本恒定，这样处理，一方面简化了系统研究的复杂性；另一方面也基本能保证结果的准确性[5]。

1.2.2 二次调节静液传动系统的特点

传统的静液传动系统通过改变变量泵的排量来调节主油路中的流量，从而控制系统的功率流，达到调节速度的目的。而二次调节静液传动系统是通过调节二次元件的排量大小和方向来调节其输出轴上的扭矩，进而控制整个传动系统的功率流，达到调节系统速度和扭矩的目的[15]。

二次调节静液传动系统与其他系统相比，主要优点有以下几项。

（1）与传统静液传动系统相比

① 由于采用了具有可逆功能的二次元件，二次调节静液传动系统可在 4 个象限内工作，既能回收系统能量，又能重新利用能量。

② 由于液压蓄能器在短时间内能够提供较大的瞬时流量，其加速功率一般是装机功率的几倍，这样设计液压泵站时就可按一个工作周期内的平均功率进行计算，从而减少系统的装机功率，大幅降低系统的制造成本。

③ 二次调节静液传动系统可连接多个没有联系的二次元件，二次元件能够从系统中无节流损失地获取能量，不同的二次元件均可独立调节其输出的转速、转矩、转角和功率等参数。

④ 二次调节静液传动系统工作在恒压网络时，工作压力基本上是恒定的，因此属压力耦联系统。当系统的工作功率较大时，可忽略液压泵站至二次元件之间的管路容积对系统的动态特性的影响，这样二次元件和液压泵之间的连接安装距离可以更长一些。

⑤ 二次调节静液传动系统工作在非恒压网络中时，工作压力是不断变化的，因此其应用范围增大了[16,17]。

（2）与电传动系统相比

① 二次调节静液传动系统在闭环控制状态下其动态响应速度快。

② 二次调节静液传动系统的功率密度大，相同功率的质量更轻、体积更小、安装空间更小。

③ 装机功率小[18]。

（3）公交客车二次调节混合动力传动系统的特点

① 由于二次调节混合动力传动系统可实现无级变速，发动机在任何

车辆行驶速度下均能充分发挥其功率，大大改善了车辆的动力性；同时发动机处于经济工况下运行，在整个运行循环下发动机的燃油消耗率最低，提高了车辆的燃油经济性[19]。

② 混合动力公交客车将其制动动能转换为液压能，储存在液压蓄能器中。在车辆起动加速时液压蓄能器释放储存的能量，单独驱动公交客车，或与发动机一起共同驱动。一方面为车辆的起动、加速过程提供动力；另一方面减少了发动机的燃油消耗和尾气排放，同时还可以减小发动机的装机容量。

③ 由二次调节混合动力传动系统对公交客车进行制动减速，制动过程平稳，减少了机械制动磨损、发热，因此不仅可以减少散热装置，同时延长了车辆制动系的使用寿命。

上述这些特点表明了二次调节系统在车辆节约能源、减少尾气排放等方面具有很大的优势和潜力，其应用前景非常广阔。

1.3 二次调节静液传动系统研究现状

1977 年，德国汉堡国防工业大学 H. W. Nikolaus 教授提出了一种工作于恒压网络的新型液压传动系统，即二次调节静液传动系统，其创新之处在于采用了具有可逆功能的液压元件，即二次元件[15]。这种液压调节系统的优点：一是在负载上直接进行转速、转角、扭矩和功率的调节；二是用液压蓄能器作为储能元件来回收负载的惯性动能和重力势能，并进行再利用，因此，采用二次调节静液传动系统能大大提高其工作效率。随着新型静液传动技术的迅速发展，国内外许多专家学者在恒压网络中二次调节静液传动系统的理论、技术与应用等方面开展了大量的探索和研究，但对非恒压网络中二次调节系统的理论基础、关键技术及其应用研究的相对较少。

1.3.1 能量转换技术（元件）研究现状

自 H. W. Nikolaus 教授提出了二次调节静液传动的概念后，德国汉堡国防工业大学静液传动及控制实验室就开始对二次调节静液传动技术进行研究，德国亚琛工业大学流体传动及控制研究所在该领域也进行了卓有成效的研究工作[20]，德国力士乐公司也先后进行了实用化探索，在变量斜盘式轴向柱塞液压马达的基础上研制出斜盘式轴向柱塞二次元件[21]，即柱塞式二次元件，并申请了多项专利。另一种能量转换元件——液压变压器，也是伴随着二次调节静液传动技术的发展而发展的[22]，基于柱塞式二次元件产生的。1997年，荷兰两家公司 Innas 和 Noax 提出了一种新结构的斜盘式轴向柱塞式液压变压器的设计概念，称为 Innas 液压变压器[23,24]。2000年，瑞典 Linköping 大学的 Jan-Ove Palmberg 和 Ronnie Werndin 又提出了一种新型液压变压器（IHT）的概念[25]。2002年，在德国举行的第三届国际流体传动学术研讨会上，Achten 博士进一步改进 Innas 新型柱塞式液压变压器的结构，柱塞数量由原来的 7 个改为 18 个，把原来的集成式缸体结构设计成为可以自由移动的浮杯形，且缸体数量增加为 2 个[26]。

国内对二次调节静液传动技术的理论与应用研究的比较广泛和深入，但对二次元件（二次元件）的结构和性能研究的非常少。对液压变压器的研究也是从 20 世纪 90 年代末才开始，例如浙江大学的徐兵、杨华勇、欧阳小平等对柱塞式液压变压器的结构和性能特性进行了系统的研究，在结构上改进设计了斜盘式柱塞液压变压器的配流盘和腰型槽结构，分析了液压变压器的瞬时排量特性、流量特性、压力特性等[27-30]。哈尔滨工业大学的姜继海、卢红影、刘成强等也对柱塞式液压变压器的控制方式、结构及其流量特性、扭矩特性等进行了系列研究，并取得了较好的研究成果[31-34]。

在元件的研发和生产制造方面，北京华德液压有限公司、贵州力源液压股份有限公司等国内生产企业从德国力士乐公司引进了斜盘式柱塞二次元件的技术后，在吸收和消化该技术的基础上进行了结构改进设计和制造工艺技术系列攻关，研制了多种规格的斜盘式和轴向柱塞二次元件，取得了阶段性研究成果[35,36]。

综上所述，国内外对能量转换元件——二次元件的研发及其应用大都是围绕着柱塞式二次元件进行的。近年来，笔者对叶片式二次元件和液压变压器进行了研究，改进了变量单作用叶片马达的结构，设计了单作用叶片式二次元件和液压变压器；改进了定量双作用叶片马达的结构，使之成为变量的双作用叶片马达，在此基础上设计了双作用叶片式二次元件和液压变压器。研制了叶片式二次元件，并对其工作原理、结构和性能进行了系列研究[17,18,37]。

1.3.2　能量储存技术的研究现状

能量的转换、储存与再利用，是指由于系统功率不匹配而产生的过剩能量，或者是由于系统工作状态改变损失的能量（如汽车制动动能和挖掘机下降过程的重力势能）的回收与重新利用，如图 1-2 所示。

图 1-2　能量转换储存与再利用工作原理示意

目前，常用的储能元件与系统种类很多，主要有液压蓄能器、蓄电池、超级电容器和飞轮四种。

（1）液压蓄能器

在二次调节静液传动系统中，系统的能量以液压能的形式储存在液压蓄能器中，具有逆向功能的二次元件，可实现机械能等其他形式能量和液压能之间的相互转化。在能量储存时，它工作在"液压泵"工况，将产生的高压油以液压能的形式储存在液压蓄能器中，实现能量的回收和转换储存；在能量释放时，它工作在"液压马达"工况，液压蓄能器释放储存的高压油，带动液压马达工作，实现液压能的重新利用。

液压蓄能器主要有气囊式、重锤式和弹簧式等结构形式，其中应用最为广泛的是气囊式液压蓄能器。气囊式液压蓄能器是在钢制的压力容器内装有氮气和液压油，中间以皮囊隔开，其工作原理是利用密封气体的可压缩性来储能。气囊式液压蓄能器各个零部件的设计、制造技术相对比较成熟，性能可靠，易于生产与工程应用。德国的 MAN 公司、日本的 Mitsubishi 公司先后开发研制了采用气囊式液压蓄能器的液压储能系统，应用于公交客车传动系统上，经对研制的样车测试，其燃油经济性可提高 25%～30%[38]。目前，该储能系统已应用在西方国家的一些城市公共汽车上，取得非常好的节油效果，并显著降低了车辆的尾气排放。

常规液压蓄能器一般使用钢质材料，其能量密度较低。而近几年在美国出现了一种新型的液压蓄能器，它是利用碳纤维和玻璃纤维绕制而成的，其耐压能力基本上与钢质液压蓄能器相当，而其质量却只有钢质液压蓄能器的几十分之一，因此大大提高了液压蓄能器的能量密度[39]。

（2）蓄电池

蓄电池是以电化学能的方式储存能量[40]。自法国人普特 1895 年发明铅酸蓄电池以来已有一百多年的发展历史了。近年来，由于该技术日趋成熟、性能稳定可靠、经济实用，在能源再生系统中作为储能装置应用非常广泛，特别是在电动汽车上铅酸电池得到了非常广泛的应用。在车辆制动时，能源再生系统的发电机/电动机处在"发电机"工况，在车辆惯性作用下发电机工作，将车辆制动动能转化为电能，储存在蓄电池中；在车辆起步加速时，处在"电动机"工况，在蓄电池储存电能的作用下驱动车辆运行[41]。

蓄电池的种类很多，有锂电池、镍氢电池、镍镉电池和铅酸蓄电池等。从技术、性价比来看，目前使用最为广泛的还是铅酸电池。但铅酸蓄电池是一个复杂的电化学工作系统，存在功率密度低、充放电次数少、受温度影响大、循环使用寿命短等缺点；另外，铅酸蓄电池充、放电速度慢，维护复杂，而且会造成环境二次污染等[42,43]。目前国内外研究人员正在设法改进铅酸蓄电池的储能性能，或寻找替代它的产品。

（3）超级电容器

超级电容器是一种新型电能储存元件，其电容量能够达到数千法拉，非常大，同时它还具有常规静电电容器的高放电功率和电荷的较大储存能力；另外，它还具有容量配置灵活、工作温度范围大、易实现模块化设计、循环使用寿命长、免维护等优点，这些特性使其更适于要求非常苛刻的工作环境。近年来，由于碳纳米技术的迅速发展，超级电容器的功率和能量密度逐渐提高，而生产制造成本不断降低，进一步促进了其在许多工业领域电力储能方面的广泛应用[44,45]。目前，超级电容器的应用非常广泛，不仅有利于改善分布式发电系统的可靠性和稳定性，提高配电网的电能质量，还能减小电动机车运行时对电网的冲击、加速 UPS 的启动等[46]。

国内外的许多专家学者在超级电容器的应用方面进行了一系列探索性研究。1994 年，美国能源部给出某些商业化超级电容器的性能指标：能量密度小于 5W·h/kg，功率密度大于 1000W/kg。1996 年，欧共体（现欧盟）制定了电动汽车用超级电容器储能发展计划，以满足其在电动汽车上的使用要求。2002 年，本田汽车公司制造的电混合动力汽车使用了 FCX 燃料电池-超级电容器，是目前世界上最早的燃料电池轿车。超级电容器在混合动力汽车方面的应用，美国的 NASA Lewis 研究中心、俄罗斯的 Eltran 公司也进行了大量研究，取得了一定进展。我国也非常重视超级电容器的研发，中科院电工研究所、上海交通大学等国内一些知名的科研院所与高等院校在电动汽车用超级电容器储能技术方面进行了大量研究，尽管取得了一定进展，但与国外相比，由于种种原因，电动汽车超级电容器的应用还存在较大的差距。

（4）飞轮

自 20 世纪 50 年代开始，人们以高速旋转的飞轮为载体来储存负载的动能，开展了飞轮储能技术的系列研究。飞轮储能的能量密度大，对环境无污染的优点吸引了国内外许多学者专家和研究机构的关注。飞轮储能在电动汽车、航天器电源、UPS 以及配电网中具有非常重要的应用价值[47-49]。近年来，随着高温超导磁悬浮轴承的成功研发和高强度纤维复合材料的问世和应用，解决了一些传统轴承存在摩擦力大、高速运行时磨损严重、寿命短等问题，大大促进了飞轮储能系统的发展和在工程中的广泛应用。

高速旋转的飞轮以动能形式储存能量，当机械设备或液压系统需要能量时再释放出来重新加以利用[50-52]，具有结构简单、工作效率高、绿色环保等优点，在实际过程中有着非常好的应用前景。20 世纪 80 年代以前，高速旋转飞轮在飞轮轴承摩擦、高效能量转换及风阻损耗等许多方面都存在难以克服的问题，都制约着飞轮储能技术的进一步发展。近年来，随着磁悬浮技术、先进电力电子技术和智能控制技术的迅速发展，飞轮储能及其相关技术也取得了突破性的进展。同时，由于新型高强度复合材料，如碳纤维、玻璃纤维等的出现，使得储能飞轮的制造技术也取得了突破性的发展。飞轮储能及其相关技术已逐步迈向实用化阶段[53]。

储能效率和储能密度是飞轮储能系统的两个重要技术指标。一般来说，只有当风阻损耗和轴承的摩擦力大幅度降低，储能系统的储能效率才能提高；另外，只有通过将飞轮的转速增大到最高允许转速才能提高储能密度。目前，实际工程领域中的一些在用的飞轮储能装置大都存在转速低、储能密度小等缺点。但随着飞轮储能及其相关技术的不断发展，高速飞轮储能必将取代低速飞轮储能。飞轮储能技术将向着高转速、高储能效率、高储能密度方向发展。为了提高飞轮储能系统的储能效率，延长其使用寿命，高速飞轮储能系统的飞轮和磁悬浮轴承需采用特殊材料制作，并且飞轮旋转室需要通过抽真空来减小其旋转的空气阻力。另外，可通过研发高温超导磁悬浮轴承来克服高速运行时在用轴承寿命短、摩擦力大等缺点。

（5）几种储能元件性能比较

液压蓄能器、铅酸电池、超级电容器和飞轮等常用储能元件的性能如表 1-1 所列。

⊡ 表 1-1　几种储能元件性能比较

项　目	铅酸电池	飞轮储能	超级电容器	液压蓄能器
储能形态	电化学能	机械动能	电能	液压能
功率密度/(kW/kg)	0.2	0.5~11.9	1	19
能量密度/(W·h/kg)	65	5~150	10	2
放能度(DoD)/%	约75	约95	约100	约90
储能持续时间	几年	几十分钟	几天	几个月
寿命/年	2~5	>20	>20	约20
安全性	好	不好	好	不好
环保性	差	好	一般	一般
维修性	好	中等	很好	中等

项　目	铅酸电池	飞轮储能	超级电容器	液压蓄能器
温度范围	受限	限制很小	限制很小	受限
技术成熟程度	成熟	一般	差	好
效率/%	约 80	约 90	约 90	约 90

由表 1-1 可以看出，这四种常用的储能元件在功率密度方面，液压蓄能器最大，超级电容器、飞轮储能次之，铅酸电池的功率密度最小，而且飞轮储能的功率密度区间大。在能量密度方面，液压蓄能器和超级电容器的较小，铅酸电池和高速飞轮的较大。实际工程应用中，应根据不同的应用场合选择适合的储能元件。在表 1-1 中，超级电容器有安全性好，放能度最高；飞轮储能和液压蓄能器次之；而铅酸电池的环保性、储存效率、放能度和寿命都是最低的。另外，飞轮储能具有环境友好、制造容易等优点。铅酸电池比较适合低功率密度和高能量密度的应用场合[54]。虽然超级电容在储存效率、放能度、维修性和安全性等方面性能优良，但能量密度较低和技术成熟度差等缺点限制了其应用。飞轮储能的优点是提供的能量密度和功率密度大，缺点是储能持续时间较短。综上所述，对于功率密度要求较高的装置，液压蓄能器是首选[49]。总之，四种储能元件各有其优缺点，实际工程应用中应根据具体工况来确定使用哪种储能元件。

1.3.3　能量转换储存控制技术的研究现状

自 H. W. Nikolaus 首次提出二次调节静液传动的概念后，德国的 W. Backé 与 H. Murrenhoff 从 1980 年开始对二次调节静液传动的控制技术进行研究，采用单杆活塞的变量油缸对二次元件进行转速控制[55]。1981 年 H. W. Nikolaus 研究了二次元件的变量油缸采用双杆活塞进行转速控制的二次调节静液传动系统，二次元件转速的反馈元件采用测速泵。然而测速泵的最小感知转速值较高，当检测转速低于最小感知转速时就无法完成信号的检测与反馈，所以采用双杆活塞进行转速控制系统的调速范围较小，最低转速也较高[56]。自 1981 年德国国防大学静液传动和控制试验室开始对二次调节静液传动的控制技术进行研究，他们发明了液压先导控制系统，该系统有机液力反馈调速系统和机液位移反馈调速系统两种调节方式[57]。随着研究的深入，1986 年人们开始将电液伺服控制技术应用到二次调节静液传动系统的控制中，设计了转速、转角电液伺服控制系统。在电液伺服控制系统中，二次元件的检测与反馈元件采用测速电机[58,59]，与测速泵的最小感知转速相比，测速电机的最小感知转速要小很多，因此，电液伺服调速系统的调速范围远远大于机液伺服调速系统的调速范围。此外，从能量消耗方面看，用测速电机测量转速所消耗的功率远远小于用测速泵测量转速所消耗的功率，大大提高了系统的工作效率。

随着研究的深入，国外学者对其他控制技术也进行了大量研究，例如单反馈和双反馈电液转速伺服控制系统。为了提高二次调节静液传动系统的控制性能，1987 年 F. Metzner 提出了混合转角数字模拟控制系统，采用数字 PID 控制对斜盘轴向柱塞式二次元件的转角、转速、转矩和功率等主要技术性能参数进行控制[60,61]。1993 年，W. Backé 和 Ch. Koegl 分别研究了二次调节静液传动系统的转速、转矩控制及系统主要参数的解耦问题[62]。1994 年，R. Kodak 对具有高动态特性的电液伺服转矩控制的二次调节静液传动系统进行了研究[63]。瑞典的 Linköping 大学对斜盘轴向柱塞式液压变压器的控制策略、控制方法等问题进行了许多探索研究，提出了 2 种具有典型作用的控制方法：一是反馈信号采用负载流量和转速来对液压变压器的进行流量控制，该控制方法能够快速补偿液压变压器输出转矩的波动；另一种方法是在高压油源和负载之间连接管线，通过旁路节流的办法，达到抑制液压变压器低速运行时的转矩波动[64]。在液压变压器高速运行时，仍然采用第一种方法的控制策略。需要指出的是，还需要试验进一步验证这两种方法的控制效果。

国内专家学者对二次调节静液传动系统的控制策略和控制方法进行了大量研究。从 1989 年开始，哈尔滨工业大学的谢卓伟对二次调节静液传动的工作原理及其机液、电液伺服控制的调速特性进行了理论探索研究，提出了应用变结构 PID 算法进行二次元件的转速控制，并进行系列相关的试验研究，取得了较好的控制效果[65,66]。此后，蒋晓夏对二次元件和传动系统的数学模型进行了简化，设计了采用微型计算机伺服控制系统，并引入了全数字自适应控制算法[67]。1991 年，浙江大学的金力民、路甬祥、吴根茂等根据二次调节静液传动系统的数学模型，采用非线性补偿算法，较好地解决了二次调节静液传动系统的低速滞环问题[68]。1995 年，哈尔滨工业大学的姜继海采用智能 PID 控制方法对二次调节静液传动系统的转速控制和转角控制进行了研究，并取得了较好的控制效果[69]。1997 年，哈尔滨工业大学的田联房首次使用国产液压、电气元件，自主设计制作了第一台二次调节静液传动扭矩伺服加载实验台，对系统的控制性能从时域和频域两个方面进行了分析，并进行了转速、扭矩的解耦控制研究[70,71]。1999 年，战兴群在重力负载和恒转矩负载条件下研究了二次调节静液传动系统的静态调速特性，建立了二次调节静液传动扭矩伺服加载实验台的数学模型，采用神经优化的 T-S 模糊模型控制方法，深入研究了二次调节静液传动扭矩伺服加载系统性能，并取得了较好的研究成果[72]。从 2001 年开始，哈尔滨工业大学的刘宇辉、孙兴义、姜继海等分别研究了二次调节静液传动系统的转角控制、转速双闭环控制、转矩控制和功率控制等。2008 年，刘海昌、C. N. Okoye、姜继海探讨了基于 GFRF 的流量耦联二次调节静液传动系统的频域非线性 H_∞ 控制，分析研究了二次调节静液传动系统的非线性鲁棒控制问题[73]。2010 年以来，哈尔滨工业大学的刘涛、姜继海等将自适应模糊滑模控制应用到二次调节静液传动系统中，提出一种带有摩擦力矩补偿的自适应模糊滑模控制方案和控制策略，有效削弱控制信号中的高频颤振现象，提高了二次调节静液传动系统的稳态误差，增强了系统控制的鲁棒性[74]。燕山大学的李国友、周巧玲、张广路等在二次调节转速系统中，采用自适应神经模糊 PID 控制算法，系统动态响应快、超调量小、过渡时间短，能够较好地抑制干扰，具有良好的动态特性和稳定性[75]。汤迎红将模糊解耦控制应用到二次调节伺服加载系统中，设计了模糊控制器，实现了二次调节静液传动系统转速与转矩的高精度控制[76]。

此外，在非线性系统的研究领域中，Hamilton 系统代表着一类重要的非线性系统。其中的广义 Hamilton 系统，既与系统外部环境进行能量交换，又有能量耗散，同时还产生能量的较为广泛开放的一类非线性系统。在一定条件下，广义 Hamilton 系统的 Hamilton 函数 $H(x)$ 可以构成非线性系统的广义能量，可以直接作为非线性系统的一个 Lyapunov 函数，它在实际应用系统的稳定性分析和镇定控制方面起着非常重要的作用。正是因为广义 Hamilton 系统具有上述优点，在非线性系统的稳定性分析、镇定控制、鲁棒控制等问题的研究中，使其深受重视和关注，得到了越来越多的应用，取得了很好的控制效果[77-80]。目前，Hamilton 泛函法已成为解决某些非线性系统控制问题的一个重要方法[81,82]。而二次调节静液传动系统也是一类时滞、时变的非线性系统，因此，将 Hamilton 方法应用到二次调节静液传动系统成为当前重要的研究方向之一。

1.3.4　二次调节静液传动系统应用性能的研究现状

　　1986 年，W. Holz 发表了连载文章，介绍了二次调节静液传动系统，同时说明工程应用的可能性[83]。在单反馈闭环控制、双反馈闭环控制及数字闭环控制等研究的基础上，二次调节静液传动系统在实际工程领域中逐渐得到了应用。在德国汉堡国防工业大学静压传动和控制试验室研制开发的四轮驱动试验车上，进行了类似于二次调节静液传动的实物实验。1995年，德国力士乐公司为德累斯顿工业大学内燃机和汽车研究所研制了非常接近于实际运行状况的一台大功率二次调节反馈控制的实验台[84]。1997年，美国学者 John Henry Lumkes 应用二次调节静液传动技术，对某款福特汽车进行结构改进设计，并对二次元件的排量采用 Bang-Bang 控制策略。德国的 Z. Pawelski 将二次调节静液传动系统应用到城市公共汽车传动系统中，经运行测试，节能效果非常显著。这台改进设计的公共汽车，由一台斜盘轴向柱塞式二次元件 A4VSO250DS21 进行驱动[85]，如图 1-3 所示。

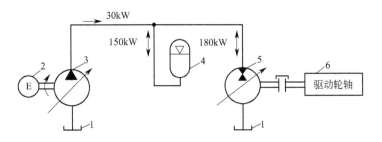

图 1-3　二次调节静液传动应用于公共汽车的工作原理

1—油箱；2—发动机；3—恒压变量泵；4—液压蓄能器；5—二次元件；6—驱动轮轴

　　该系统由发动机、恒压变量泵、液压蓄能器、二次元件、驱动轮轴等构成。车辆满载起动时，二次调节混合动力系统可以输出大约 180kW 的功率，能使公交汽车在 20s 内加速到 50km/h。而发动机的输出功率却只有 30kW，其中 150kW 的差值是由液压蓄能器提供的。日本也对二次调节静液传动技术的理论及应用进行了广泛深入的研究，研发了采用该技术的混合动力公交汽车，几家著名汽车制造公司生产了基于恒压网络的液压混合动力公交汽车，即采用二次调节静液传动系统的混合动力公交汽车，在东京等多个城市中运营，经测试混合动力公交汽车的尾气排放和燃油消耗均降低了 20% 以上。1998 年，德国 R.E.Parisi 教授探讨了将二次调节静液传动技术应用到石油开采工程中的可行性[86]。随着研究的发展和深入，二次调节静液传动技术在实际工程中应用不断扩大。近几年，美国 Southwest Research Institute 与 Michigan 大学、德国 FEVEngine Technology Inc.、英国 Ricard 等著名研究机构与高校也相继对二次调节静液传动技术的工程应用开展了大量的研究。例如，美国国家环境保护署出资对福特汽车公司与伊顿公司共同研制液压驱动混合动力汽车立项支持，2004 年已有样车参展[87]。2005 年，美国国家环境保护署宣布与 4 家单位合作研制新一代全液压驱动混合动力汽车，并将致力于混合动力汽车产品市场转化的目标。

在液压变压器的应用方面，日本 Sophia 大学对斜盘轴向柱塞式液压变压器在恒压网络下的工作效率进行了卓有成效的研究，设计了斜盘轴向柱塞式液压变压器与活塞缸之间的多种连接组合，并仿真研究了每种连接方式下柱塞式液压变压器的效率，结果表明：通过合理设计液压变压器和液压缸的连接方式，斜盘轴向柱塞式液压变压器的工作效率可达 80%[88]。德国力士乐公司已将斜盘轴向柱塞式液压变压器应用到注塑机和挖掘机上，系统工作效率和运行性能都得到了改善[89]。

自 1990 年开始，国内研究人员对二次调节静液传动系统的工程应用进行了大量的探索和研究，并取得了一系列研究成果。原中国农机研究所的闫雨良等设计了采用二次调节静液传动技术的遥控装载机[90]。上海煤炭机械研究所的蒋国平研究了采用 A4V 通轴泵作为二次元件进行功率回收的液压实验台，并展示了在恒压网络中并联多个相互独立、互不影响的二次元件的优点[2,91]。同济大学的范基、萧子渊等研制采用二次调节静液传动技术的实验系统[1,92]，该实验系统所用的二次元件是由 ZM75 变量马达改进设计并研制成功的，除了用于回收二次调节系统的回转或直线运动的负载动能外，而且能够实现对实验系统的加载。2000 年以来，哈尔滨工业大学姜继海、赵春涛等对二次调节技术在混合动力公交客车传动系统上的应用进行了研究，混合动力公交客车采用串联式二次调节传动结构，提出了转速控制、恒扭矩控制和恒功率控制的节能制动模式，可实现车辆制动动能和坡道重力能的回收、转换储存和重新利用[93]。2003 年，浙江大学顾临怡等设计一种"定流网络二次调节液压系统"[94]。北京理工大学苑士华等研究了公交客车制动能量的回收特性，根据车辆四工况循环图的要求，进行了计算机模拟计算，结果显示节油率达到了 28%[95]。2005 年，南京理工大学韩文等研制了基于二次调节静液传动技术的新型电控液驱车实验装置[96]。哈尔滨工业大学刘宇辉、姜继海设计开发了基于流量耦联二次调节静液传动系统的液压抽油机[97]，液压抽油机由两个二次元件同轴刚性联接，如图 1-4 所示。2006 年，哈尔滨工业大学刘晓春利用二次调节流量耦联传动系统进行位能回收并将能量回馈电网的研究，取得了不错的效果[98]。哈尔滨工业大学孙辉、姜继海研究了公交客车二次调节混合动力传动系统的关键技术，设计了新型的二次调节静液传动车辆混合动力系统，实现车辆惯性能和重力能的回收及重新利用，改善了车辆的燃油经济性，降低了有害气体的排放[99]。西华大学吴涛等对串联型液压

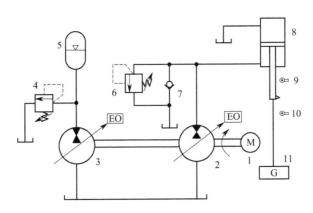

图 1-4　二次调节流量耦联液压抽油机原理

1—电机；2，3—二次元件；4，6—溢流阀；5—液压蓄能器；7—单向阀；

8—液压油缸；9，10—行程开关；11—负载

混合动力传动车辆的参数匹配与动力性能进行仿真研究，为关键液压元件的选型提供了参考依据[100]。在液压变压器的应用方面，浙江大学徐兵、杨华勇等对柱塞式液压变压器在液压系统中的节能应用进行了深入研究[101]。福州大学林述温设计了恒压网络种应用液压变压器的挖掘机液压系统的方案，结合具体的挖掘机工况分析了 3 种不同结构的挖掘机液压控制系统的能量消耗对比[102]。哈尔滨工业大学的姜继海等也对液压变压器在挖掘机系统中的应用及能量回收与重新利用进行了系列研究[103-106]。

综上所述，国内外许多专家学者对二次调节静液传动技术的理论及其应用进行了广泛和深入的研究，并取得了显著的成绩。但到目前为止，对该技术的研究大都是基于压力耦联的恒压网络或准恒压网络中展开的，对二次调节静液传动系统在非恒压网络中的流量耦联的研究才刚刚开始。

1.4　研究内容

本书以非恒压网络二次调节静液传动系统为研究对象，采用理论分析、计算机仿真和试验研究相结合的方法，对系统能量转换储存的关键技术和应用性能进行深入研究。

各章节具体内容及安排如下。

第 1 章　绪论：首先，介绍了二次调节静液传动系统的应用背景和优缺点。接下来，对现已完成的相关研究工作进行了总结归纳，着重阐述了二次调节系统的新型能量转换技术、新型能量储存技术、新型能量转换储存控制技术以及静液传动系统应用性能等几个方面的研究现状，为本书研究工作的开展指明了方向。

第 2 章　非恒压网络传动系统结构、节能机理与特性：分别研究了恒压网络二次调节静液传动系统的结构与非恒压网络二次调节静液传动系统的结构，以及二者之间的异同；深入分析了二次调节静液传动系统的节能机理和二次元件四个象限的节能特性。

第 3 章　能量转换储存关键技术研究：首先对新型能量转换元件二次

元件与液压变压器的结构和工作原理进行了研究，设计了单、双作用叶片式二次元件与液压变压器的几种变量（变压）装置，并对单、双作用叶片式二次元件的转速转矩特性和流量特性进行了仿真研究；其次对新型能量储存技术及其蓄释能装置的结构、工作原理、主要技术参数和性能进行了研究；最后对新型能量转换储存控制技术——基于 Hamiltonian 泛函法的 H_∞ 控制和智能复合控制，及其控制系统性能进行了研究。

第 4 章　惯性动能的回收与再利用：设计了公交汽车并联式二次调节混合动力传动系统的结构，及混合动力传动系统的控制策略；深入研究了二次调节混合动力传动系统的二次元件、液压蓄能器、扭矩耦合器、电磁离合器等主要元件及参数的匹配选择；分别建立了变量机构、二次元件与二次调节混合动力传动系统的数学模型，以及开环控制、闭环控制系统的数学模型；然后，设计了基于 Hamiltonian 泛函法的 H_∞ 控制算法和控制器，对公交汽车二次调节混合动力传动系统的转速控制、恒扭矩控制和恒功率控制性能进行了仿真分析。设计了模糊、神经网络和专家控制的智能复合控制算法和控制器，对二次调节混合动力传动系统的转速控制、恒扭矩控制和恒功率控制性能进行了试验研究。

第 5 章　重力势能的回收与再利用：对挖掘机挖斗二次调节液压举升装置、立体停车库二次调节液压提升系统的结构与节能机理进行了研究，建立了二次调节系统挖掘机挖斗二次调节液压举升装置、立体停车库二次调节液压提升系统的上升过程与下降过程的数学模型，设计了基于 Hamiltonian 泛函法的 H_∞ 控制算法和控制器，并对挖掘机挖斗二次调节液压举升装置、立体停车库二次调节液压提升系统的性能进行了仿真分析。

第 6 章　对本书的主要研究工作及几个比较重要的研究结果进行了总结，同时也指明了将来研究方向和需克服的难题。

第**2**章

非恒压网络传动系统
结构及节能机理

二次调节静液传动系统通常是指在恒压和准恒压网络系统中对二次元件无节流损失进行闭环控制的液压传动系统。本章在恒压网络二次调节静液传动系统基础上，研究非恒压网络二次调节静液传动系统的结构、节能机理与性能特性，并将二者进行了对比分析。

引言

二次调节静液传动系统具有节能的优点，不仅不存在节流损失，而且能回收再利用液压系统的机械能和位能，大大提高了二次调节静液传动系统的工作效率。二次调节静液传动系统可在恒压和非恒压网络系统中工作。虽然二次调节静液传动系统在恒压网络中工作具有许多优点，但也存在不足；当液压缸和定量液压马达等定量执行元件接入二次调节静液传动系统时，就必须接入压力调节元件（液压变压器）来调节系统工作压力[107]。这类装置的引入使系统结构复杂、成本升高，给二次调节静液传动系统向生产实际中的推广应用带来了较大的不利影响。二次调节静液传动系统工作在非恒压网络系统中可以较好地解决这一问题，非恒压网络系统是恒压网络系统的补充和完善。本章首先对二次调节静液传动系统在恒压网络和非恒压网络中的结构和工作原理进行了分析，探讨了二次调节静液传动系统的节能机理和性能特性。

2.1 二次调节静液传动系统结构

二次调节系统的结构有恒压网络系统和非恒压网络系统两种，即压力耦联系统和流量耦联系统。

2.1.1 恒压网络二次调节静液传动系统结构

恒压网络中二次调节静液传动系统的结构如图 2-1 所示[7]。该系统主要由二次元件、变量油缸、电液伺服阀、变量泵、蓄能器和控制器等组成。电液伺服阀与变量油缸组成二次元件的流量及方向调节机构；由变量泵和液压蓄能器组成恒压油源。由于恒压油源的动态特性较好，恒压网络中的压力基本保持恒定不变，因此被称为恒压网络二次调节静液传动系统。

图 2-1 所示的系统属于串联式结构，另外还有并联式、混联式等多种结构。

2.1.2 非恒压网络二次调节静液传动系统结构

非恒压网络中二次调节系统的结构有两种：一种为单个二次元件系统的结构，另一种为 2 个二次元件系统的结构。

（1）单个二次元件系统结构

单个二次元件系统的结构如图 2-1 所示。该系统主要由液压蓄能器、二次元件、变量油缸、电液伺服阀、液压泵等组成。

（2）2 个二次元件系统的结构

2 个二次元件系统的结构如图 2-2 所示，2 个二次元件同轴刚性连接。

具有四象限工作能力的二次元件工作在"液压泵"工况时，回收负载能量；当二次元件工作在"液压马达"工况，向负载输出能量，从而实现

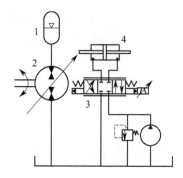

图 2-1 1个二次元件系统

1—蓄能器；2—二次元件；3—电液伺服阀；4—变量油缸

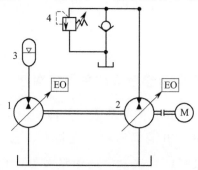

图 2-2 2个二次元件系统

1，2—二次元件；3—蓄能器；4—平衡阀

系统能量的回收、转换储存和重新利用。

2.1.3 恒压网络与非恒压网络传动系统的比较

在恒压网络二次调节静液传动系统中，当负载发生变化时系统的压力基本保持不变；当使用变量马达作为执行元件时，可以通过伺服控制机构调节变量马达的排量来实现对负载的控制；当执行元件为定量元件如液压缸和定量液压马达时，则需要通过液压变压器来实现对负载的控制。

非恒压网络中二次调节静液传动系统是通过流量联系的，当负载发生变化时二次元件的输出流量变化不大，然而二次调节静液传动系统的工作压力却随负载变化较大，所以传动系统的工作压力受外负载影响很大，是由外负载决定的。非恒压网络中二次调节静液传动系统的工作条件是二次调节静液传动系统的工作压力对负载的变化能够迅速做出反应，在允许的压力工作范围内要求系统的工作压力能迅速增大到克服负载所需要的压力。

无论是恒压网络二次调节静液传动系统还是非恒压网络二次调节静液传动系统，都是通过调节二次元件的排量进行速度、扭矩和功率控制，也都是利用二次元件的四象限工作特性实现能量回收和重新利用。其区别如下：

① 在非恒压网络二次调节静液传动系统中，即使改变负载大小，二次调节静液传动系统的流量也基本上不发生变化，但是工作压力却随负载改变而变化。而在恒压网络二次调节静液传动系统中，由于恒压油源的作用，系统压力基本为恒定值，不随负载的变化而变化。

② 非恒压网络中二次调节静液传动系统执行元件的输出转速（速度）取决于二次元件的输出流量。而恒压网络二次调节静液传动系统执行元件的输出转速（速度）由恒压变量泵和液压蓄能器输出流量共同决定。

③ 恒压网络中二次调节静液传动系统使用的执行元件通常为变量液压元件；而非恒压网络二次调节静液传动系统可以与定量液压执行元件相连，并且易于控制。

④ 非恒压网络中二次调节静液传动系统通常连接单负载或相同性质的多负载，若多负载同时工作，必须按照所有负载同时工作需要的最大功率来设计系统的动力源。而恒压网络中二次调节静液传动系统可驱动多个互不相关的负载，并且只需按照所有负载的平均功率之和设计系统的动力源。

2.2 二次调节静液传动系统的节能机理

二次调节静液传动系统中的二次元件是可逆式的二次元件，它可以工作于四个象限中，如图 2-3 所示。当二次元件从"拖动负载"转换为"负载拖动"的工况时，它就由"液压马达"工况转换为"液压泵"工况，也就是从消耗能量工况转变为回收能量工况[108]。

二次元件在第 I 象限时，以"液压马达"工况工作。设"液压马达"工况时流入二次元件的流量 q 和排量 D 为正，则二次元件的输出转矩 M 和角速度 ω 也为正，由功率计算表达式 $P = p_0 q = M\omega$，就可得出 P 为正

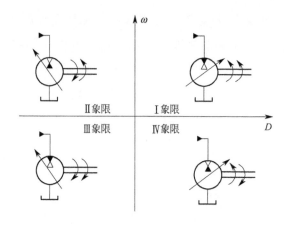

图 2-3　二次元件四象限工作方式

值，这时说明二次元件是消耗功率的，二次调节系统向负载输出能量，因此，二次元件在第Ⅰ象限工作时：$q>0$；$D>0$；$M>0$；$\omega>0$；$P>0$。

二次元件在第Ⅱ象限工作时，它处于"液压泵"工况。此时，斜盘轴向柱塞式二次元件的斜盘越过零点处于另一侧，二次元件流量 q 也随之改变方向，由二次元件流入系统中，故 $q<0$，则功率 P 为负，表示向系统回馈能量。若令此时的排量 D 为负，则转矩 M 也为负，此时角速度 ω 的方向没有发生变化，与第Ⅰ象限时相同，故 ω 也为正。二次元件以"液压泵"工况工作在第Ⅱ象限时：$q<0$；$M<0$；$D<0$；$\omega>0$；$P<0$。

二次元件在第Ⅲ象限工作时，它处于"液压马达"工况。此时，斜盘轴向柱塞式二次元件的斜盘位置方向和处在第Ⅱ象限工作时相同，流量 q 由系统流入二次元件，故 $q>0$，功率 P 为正，表示二次元件消耗利用系统功率。此时，二次元件的排量 D 为负，其输出转矩 M 也为负，角速度 ω 为负。二次元件在第Ⅲ象限工作时：$q>0$；$D<0$；$M<0$；$\omega<0$；$P>0$。

二次元件在第Ⅳ象限工作时，它处于"液压泵"工况。此时，斜盘轴向柱塞式二次元件的斜盘方向与处在第Ⅰ象限工作时相同，二次元件流量 q 由二次元件流向恒压网络，故 $q<0$，功率 P 为负，表示为向二次调节静液传动系统回馈功率；此时排量 D_2 为正，转矩 M 也为正，角速度 ω 为负。因此，二次元件在第Ⅳ象限工作时：$q<0$；$M>0$；$D>0$；$\omega<0$；$P<0$。

二次元件四象限工作参数如表 2-1 所列。由表 2-1 可知，当二次调节静液传动系统的二次元件工作在"液压马达"工况时，驱动负载消耗系统中的功率；当工作在"液压泵"工况时，回收能量回馈给系统，同时产生制动作用。因此，二次元件由"液压马达"工况转变为"液压泵"工况，或者是由"液压泵"工况转变为"液压马达"工况，这样就实现了能量的回收、转换储存和再生。

⊡ 表 2-1　二次元件四象限工作参数表

工作象限	转速(ω)	排量(D)	转矩(M)	流量(q)	功率(P)
I	>0	>0	>0	>0	>0
II	>0	<0	<0	<0	<0
III	<0	<0	<0	>0	>0
IV	<0	>0	>0	<0	<0

2.3　本章小结

本章在恒压网络二次调节静液传动系统基础上，提出了非恒压网络二次调节静液传动系统，并将该系统与恒压网络二次调节静液传动系统进行对比分析。

本章主要工作及结论如下。

① 基于流量耦联的非恒压网络二次调节静液传动系统是对基于压力耦联的恒压网络的补充和拓展，它同时拓展了其工程应用领域。非恒压网络与恒压网络二次调节静液传动系统结构相比没有恒压油源。

② 对比分析了非恒压网络二次调节静液传动系统与恒压网络二次调节静液传动系统的异同，基于流量耦联的非恒压网络二次调节静液传动系统可适用于单个负载或并联多个相同工况的负载，而基于压力耦联的恒压网络系统可连接若干不同工况的负载。

③ 探讨了非恒压网络二次调节静液传动系统的节能原理，研究了液压泵/马达四个象限的节能特性。通过在"液压马达"和"液压泵"之间工况的相互转换，就实现了能量的回收和再生。

第**3**章

能量转换储存新技术研究

引言

　　二次元件与液压变压器是一种能量转换元件，是二次调节静液传动系统的核心部件。目前所用的二次元件与液压变压器大都是斜盘式轴向柱塞二次元件，品种单一，且这种二次元件与液压变压器对液压系统和元件要求高，因而其应用受到了一定的限制。叶片式二次元件与液压变压器就是在这种背景下提出来的，叶片式二次元件与液压变压器件扩大了能量转换元件的种类和应用范围。

　　工作在恒压网络中二次调节静液传动系统，液压蓄能器中油液的压力工作范围变化小，不利于二次调节系统能量的回收和再利用。克服这一弊端通常有两种途径：一是在二次调节静液传动系统的各负载回路连接液压变压器，对压力进行调节；二是将恒压网络改为非恒压网络，使系统的压力可调。在非恒压网络中，通过控制液压蓄能器的充油和放油过程，在能量回收过程中，根据负载的动能、重力能多少可控制一个或多个储能回路依次充油，目的是保证液压蓄能器具有较高的充油压力；在能量利用过程中，根据负载工况不同，控制一个或多个蓄能回路释放储存的能量，以提高能量的利用率和利用效果，减少能量损失。

　　二次调节静液传动系统受自身特性和所用介质等因素的影响，使系统既具有死区、滞环、库伦摩擦等特点，同时还存在油液体积弹性模量、油液黏度、系统阻尼等参数对油温、油压、阀开口流量的变化比较敏感的缺点，因此，对二次调节静液传动系统的控制，要求控制器具有较高的稳定性和鲁棒性。采用 PID 控制、神经网络控制、模糊控制等常规控制方法，很难取得令人满意的控制效果，因此必须引入新的控制策略。基于 Hamiltonian 函数法的 H_∞ 控制和将神经网络、模糊控制与专家控制相结合的智能复合控制可根据系统所处的不同状态和对控制过程在不同时间的不同要求，采用相应控制策略的智能控制方法，能同时兼顾控制系统对动态、静态等多种性能指标的要求，达到理想的控制效果。因此，针对二次调节静液传动系统的时滞、时变、非线性等不确定因素，采用基于 Hamiltonian 泛函法的 H_∞ 控制或智能复合控制，可以很好地解决系统的非线性控制问题。

因此，深入开展二次调节静液传动系统在非恒压网络中能量转换储存关键技术的研究，有利于扩大二次调节静液传动系统在工程中的广泛应用，具有重要的实际意义。

3.1 新型能量转换技术

二次元件与液压变压器是二次调节静液传动系统的关键部件，可无节流损失地实现机械能与液压能的相互转换。

3.1.1 叶片式二次元件

（1）双作用叶片式二次元件的结构与工作原理

由定子、叶片、转子、变量杆、变量油缸、配流盘、壳体等组成双作用叶片式二次元件，如图 3-1 所示。

变量油缸包括活塞、缸体、缸盖等。变量杆的一端与椭圆状定子的长轴中心线外表面固定在一起，另一端的球形头安置于活塞的凹形槽中。双作用叶片式二次元件的进油口与出油口结构大小相同。叶片沿径向安置在圆形转子中，此时叶片的安放角等于零。定子在变量油缸的作用下可绕中

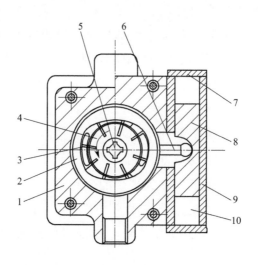

图 3-1 双作用叶片式二次元件的结构

1—壳体；2—定子；3—叶片；4—转子；5—旋转轴；6—变量杆；

7—缸盖；8—活塞；9—缸体；10—变量油缸

心旋转[109]。

不工作时，双作用叶片式二次元件的椭圆定子的长轴中心线与一组配油窗口中心线重合，将此位置定义为零点，此时双作用叶片式二次元件的排量为零。对着双作用叶片式二次元件传动轴的方向，假设定子沿顺时针方向旋转为正向，逆时针为负向。那么，随着定子顺时针旋转，其转角正向增大，双作用叶片式二次元件的排量也就正向增大，当转角达到正向45°时排量最大；而当定子逆时针旋转时，转角负向增大，其排量也负向增大，当转角为负向 −45°时双作用叶片式二次元件排量负向最大。因此，双作用叶片式二次元件的定子在 −45°～ 45°转角范围内旋转时排量就不断变化。

双作用叶片式二次元件工作时，由电液伺服阀或电液比例阀控制变量油缸，驱动定子绕中心顺时针转动一个正角度。当双作用叶片式二次元件上油口进油，下油口回油时，在图 3-2(a) 中，在双作用叶片式二次元件上油口连通的两个配油窗口处，因为叶片 H、N 与叶片 M、F 的受压面积不同，叶片 H、N 的受压面积大，在油液压力差的作用下，转子以顺时针方向旋转，双作用叶片式二次元件处在"液压马达"工况工作，驱动负载消耗液压系统的能量。

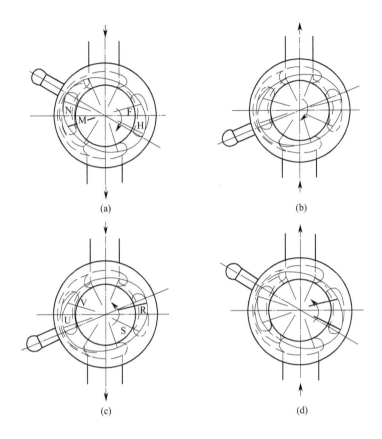

图 3-2 双作用叶片式二次元件的工作原理

如果停止给双作用叶片式二次元件供油，在惯性作用下转子仍按顺时针旋转。若给伺服阀一个控制信号，由变量油缸的驱动定子逆时针方向过零点，并旋转一个负角度。如图 3-2(b) 所示，双作用叶片式二次元件下油口连通的配油窗口处，由定子、转子、叶片及配流盘形成的两个封闭区域的容积不断增大，形成一定真空度，吸入油液，下油口就成为双作用叶片式二次元件的吸油口；而二次元件上油口处的两个封闭区域的容积不断减小，将油液压出，从上油口流入液压系统中，双作用叶片式二次元件工作在"液压泵"工况，回收能量并储存在液压蓄能器中。

如果定子仍在负角度位置，给双作用叶片式二次元件的上油口通压力油，下油口回油时，如图 3-2(c) 所示，与双作用叶片式二次元件上油口连通的配油窗口处，由于叶片 S、V 与叶片 U、R 的受压面积大小不等，叶片 S、V 的受压面积小，在油液压力差的作用下，转子以反方向按逆时针旋转，双作用叶片式二次元件又工作在"液压马达"工况，消耗能量驱动负载工作。

通过电液伺服阀控制变量油缸旋转定子过零点，并转过一个正角度，停止给双作用叶片式二次元件供油，如果转子仍以逆时针方向旋转，此时在图 3-2(d) 中，与双作用叶片式二次元件下油口连通的配油窗口处，两个对称封闭区域的容积不断增大，形成一定真空度，吸入油液，下油口就成为双作用叶片式二次元件的吸油口；而二次元件上油口处的两个对称封闭区域的容积不断减小，将油液压出，经上油口进入液压系统中，双作用叶片式二次元件工作在"液压泵"工况，回收能量并储存在液压蓄能器中。

可见，由电液伺服阀或电液比例阀控制的变量油缸，旋转双作用叶片式二次元件的定子，通过改变定子和配流盘之间的位置关系，使进、排油窗口的大小和位置发生变化，从而改变二次调节系统的流量大小和油流方向。工作中，通过控制电液伺服阀的输入信号，调节变量油缸活塞的位移大小和方向，从而可控制定子旋转角度的大小和方向。

(2) 单作用叶片式二次元件的结构与工作原理

单作用叶片式二次元件的结构组成包括壳体、定子、叶片、转子、调节杆、变量油缸等，变量油缸包括活塞、缸体、缸盖等。如图 3-3 所示[17]。其进油口和出油口大小相等，叶片的安放角等于零。其转子中心固定，定子中心可左右移动，由变量油缸活塞带动定子绕摆动轴转动。当其定子、转子的中心重合时，偏心距为零，排量也为零，此位置定义为单作用叶片式二次元件的零点[110]。

工作时，由电液伺服阀或电液比例阀控制变量油缸工作，对着单作用叶片式二次元件传动轴的方向，由电液伺服阀控制变量油缸活塞移动，使定子中心向右摆动一个角度，位于转子中心的右侧，从而在两者之间形成一个偏心距。当单作用叶片式二次元件的上油口进油，下油口回油时，在图 3-4(a) 所示的单作用叶片式二次元件上油口，由定子、转子、叶片及

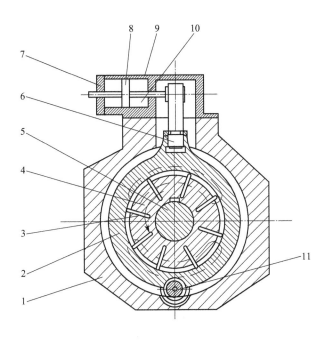

图 3-3 单作用叶片式二次元件的结构示意

1—壳体；2—定子；3—叶片；4—转子；5—旋转轴；6—调节杆；

7—缸盖；8—活塞；9—缸体；10—变量油缸；11—摆动轴

配流盘形成的封闭区域右边叶片的受压面积大于左边叶片的受压面积，在压力差的作用下，转子以顺时针方向旋转，单作用叶片式液压马达/泵工作在"液压马达"工况，消耗能量驱动负载。

如果停止给单作用叶片式二次元件供油，转子在负载惯性作用下，仍沿顺时针旋转。通过电液伺服阀或电液比例阀控制变量油缸的运动，使定子中心过零点，位于转子中心的左侧。在图 3-4（b）中，单作用叶片式二次元件的下油口处封闭容积不断增大，形成真空吸入油液，下油口成为单作用叶片式二次元件的吸油口；二次元件的上油口处的封闭区域的容积就不断减小，将油液压出，从上油口流入液压系统中，单作用叶片式二次元件工作在"液压泵"工况，回收能量。

如果定子中心仍位于转子中心的左侧，当单作用叶片式二次元件的上油口通压力油，下油口回油时，图 3-4（c）所示的单作用叶片式二次元件的上油口处，由于封闭区域右边叶片受压面积小于左边叶片受压面积，在

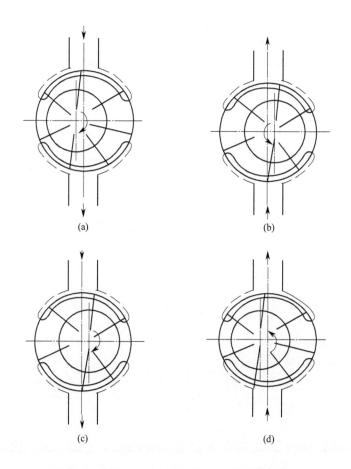

(a)

(b)

(c)

(d)

图 3-4 单作用叶片式二次元件的工作原理

压力差的作用下，转子以反方向按照逆时针方向旋转，单作用叶片式二次元件又工作在"液压马达"工况，驱动负载工作，消耗二次调节系统能量。

单作用叶片式二次元件定子中心在变量油缸作用下过零点，调至转子中心的右侧，此时停止给单作用叶片式二次元件供油，如果转子及传动轴继续逆时针方向旋转，在图 3-4(d) 中，单作用叶片式二次元件的下油口处的封闭区域的容积就不断增大，形成一定真空度，吸入油液，单作用叶片式二次元件的下油口变成吸油口；上油口处封闭区域容积不断减小，油液被压入二次调节系统，储存在蓄能器中，二次元件处在"液压泵"工况，回收能量。

3.1.2 叶片式液压变压器

（1）双作用叶片式液压变压器

如图 3-5 所示，双作用叶片式液压变压器由部件、部件、壳体、右端盖、左端盖等构成。部件 1 与部件 2 共用一根旋转轴，旋转轴两端通过花键分别与部件 1 的转子、部件 2 的转子联接，部件 1、2 安装在同一个壳体内[111]。

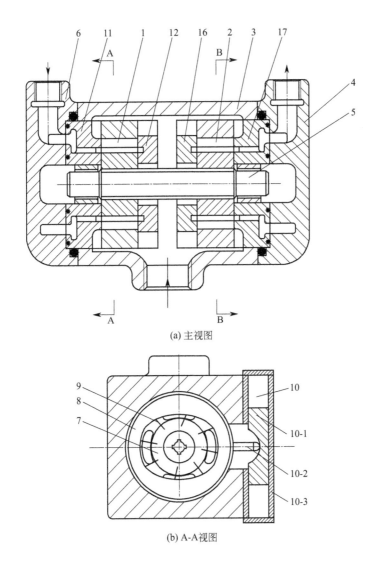

(a) 主视图

(b) A-A视图

图 3-5

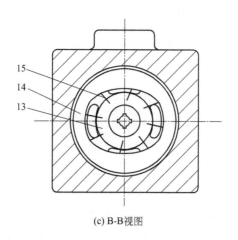

(c) B-B视图

图 3-5 双作用叶片式液压变压器结构示意

1, 2—部件；3—壳体；4—右端盖；5—旋转轴；6—左端盖；7, 13—转子；8, 14—定子；9, 15—叶片；
10—变量油缸；10-1—活塞；10-2—变量杆；10-3—缸体；11, 12, 16, 17—配流盘

部件 1 包括旋转轴、转子、定子、叶片、变量油缸和配流盘 11、12 等，转子比定子宽度稍小，叶片的一端与定子内表面接触，另一端放入转子的叶片槽内。在高压油作用下转子带动旋转轴旋转。变量油缸包括活塞 10-1、变量杆 10-2、缸体 10-3 等，变量杆的一端与椭圆状定子的长轴中心线外表面固定在一起，另一端的球形头安置在活塞的凹形槽中。部件 1 由电液伺服阀或比例阀控制的变量油缸活塞的移动位移进行变量。配流盘 11 与定子 8 的左侧面配合接触，配流盘 12 与定子 8 的右侧面配合接触，配流盘 11、12 固定在旋转轴上。

部件 2 由旋转轴、转子、定子、叶片和配流盘 16、17 等组成，定子 14 比转子 13 的宽度稍大，叶片 15 的一端与定子 14 的内表面接触，另一端处在转子 13 的叶片槽内。转子 13 由旋转轴驱动旋转，将调节后的压力油输出；配流盘与定子 14 的左侧面配合接触，配流盘 17 与定子的右侧面配合接触，二者均安装在旋转轴 5 上。

其中，部件 1 的结构、功能类似于双作用叶片式二次元件的结构、功能，部件 1 相当于一个二次元件，其排量可根据工况需要进行调节。部件 2 的结构、功能类似于双作用叶片泵的结构、功能，部件 2 相当于一个双作用叶片泵，其排量是固定不可调的。这样，双作用叶片式液压变压器相

当于由双作用叶片式二次元件和双作用叶片式定量泵组合而成的，二者共用同一根旋转轴。部件1的上油口成为液压变压器进油口，接在系统高压油路上；部件2的上油口为出油口，出油口与负载连接；液压变压器的回油口连通部件1与部件2的下油口，回油口与油箱连接。

在压力 p_1 的作用下，部件1的主动转矩为：

$$M_1 = \frac{D_1}{2\pi}(p_1 - p_0) \tag{3-1}$$

部件2的阻力转矩为：

$$M_2 = -\frac{D_2}{2\pi}(p_2 - p_0) \tag{3-2}$$

式中　D_1，D_2——部件1、2的排量；

　　　p_1，p_2——双作用叶片式液压变压器进、出油口处的压力；

　　　p_0——回油压力。

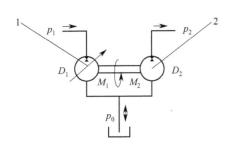

图 3-6　变压原理示意

变压原理示意如图 3-6 所示。

忽略摩擦阻力矩，当 $M_1 + M_2 = 0$ 时，进、出油口之间的压力比为：

$$\lambda = \frac{p_2}{p_1} = \frac{D_1}{D_2} \tag{3-3}$$

式中　λ——变压比。

由式（3-3）可知，变压比 λ 是变压器进油口压力 p_1 与出油口压力 p_2 的比值，与部件1、2的排量 D_1、D_2 成反比。因此，可通过调节排量 D_1/D_2 值实现二次调节系统负载油路压力调节。因为排量 D_2 是一个常值，因此通常是调节排量 D_1 来实现二次调节系统压力调节，以适应负载的变化。

为适应负载的变化，双作用叶片式液压变压器工作时，由电液伺服阀或电液比例阀控制变量油缸活塞移动，驱动部件1的定子旋转一定角度，部件1的排量 D_1 产生变化，改变变压比 λ 的大小，使二次调节系统变压，满足负载变化需要。

不工作时，部件1的定子处在零点位置，其排量 D_1 为零，此时变压比 λ 等于零。

工作中，通过控制器控制电液伺服阀的输入信号，调节变量油缸活塞的位移大小和方向，从而可控制部件1的定子旋转角度的大小和方向。

（2）单作用叶片式液压变压器

如图3-7所示，单作用叶片式液压变压器包括部件1和2、旋转轴、右端盖、左端盖、壳体等。部件1与部件2共用一根旋转轴，部件1的转子8、部件2的转子16分别与旋转轴的左、右半轴通过平键连接，安装在同一个壳体内，左、右端盖通过螺栓连接在单作用叶片式液压变压器的壳体上[112]。

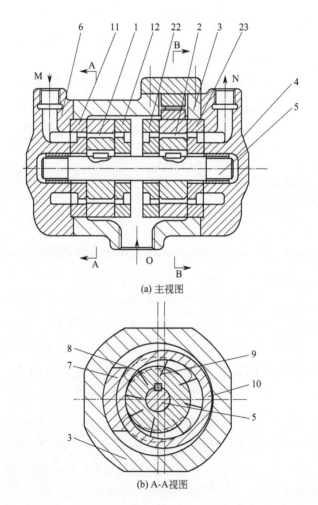

(a) 主视图

(b) A-A视图

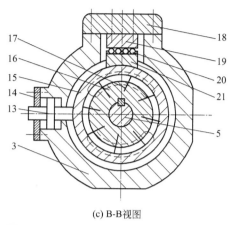

(c) B-B视图

图 3-7　单作用叶片式液压变压器结构

1、2—部件；3—壳体；4—右端盖；5—旋转轴；6—左端盖；7—楔形板；8、16—转子；

9、17—叶片；10、15—定子；11、12、22、23—配流盘；13—活塞；14—端盖；15—定子；

18—上端盖；19—上压板；20—滚柱；21—下压板

部件 1 由旋转轴、楔形板、转子 8、定子 10、叶片 9 和配流盘 11、12 等构成；楔形板使转子 8 与定子 10 的中心不重合，存在一定偏心距。定子 10 比转子 8 的宽度稍大，叶片 9 的安放角为零，沿转子中心径向安置。在二次调节系统高压油液的作用下转子 8 与旋转轴一起旋转；配流盘 11 与定子 10 的左侧面配合接触，配流盘 12 与定子 10 的右侧面配合接触，二者均安装在旋转轴上。

部件 2 由旋转轴、定子 15、转子 16、叶片 17、活塞、端盖、滚柱、下压板、上压板、上端盖、配流盘 22、23 等，转子 16 中心固定，定子 15 中心可动；与转子 16 宽度相比定子 15 宽度稍大，叶片 17 的安放角为零。活塞的活塞杆右端头固定在定子 15 的外表面上，通过左、右移动定子 15 来改变定子 15 与转子 16 的偏心距，从而使部件 2 进行变量。上压板和下压板之间放置滚柱，上压板通过上端盖固定在壳体上，下压板的弧形面与定子 15 的椭圆形外表面配合，可随定子 15 移动。配流盘 22 与定子 15 的左侧面配合接触，配流盘 23 与定子 15 的右侧面配合接触。在二次调节系统高压油液的作用下，部件 1 的转子 8 通过旋转轴带动部件 2 的转子 16 一起旋转，向负载工作回路输出压力油。

其中，部件 1 在结构、功能上类似于与定量单作用叶片泵，部件 1 相当于一个定量单作用叶片泵，部件 1 的排量是固定不可调的。部件 2 在结构、功能方面类似于单作用叶片式二次元件，相当于一个单作用叶片式二次元件，部件 2 的排量可根据工况需要进行调节。这样，单作用叶片式液压变压器近似为二者的组合体，共用同一根旋转轴。部件 1 上油口与系统高压油路连接，成为变压器进油口；部件 2 上油口与负载油路连接，成为其出油口；回油口与部件 1、2 下油口连通，与油箱连接。回油口的作用是将多余的油液和液压变压器内泄漏产生的油液流回液压油箱，另外向液压变压器补充油液，回油口比进油口与出油口大。

单作用叶片式液压变压器变压原理如图 3-8 所示，在二次调节静液传动系统高压油的作用下，液压变压器的主动转矩为：

$$M_1 = \frac{D_1}{2\pi}(p_1 - p_0) \tag{3-4}$$

液压变压器的阻力转矩为：

$$M_2 = -\frac{D_2}{2\pi}(p_2 - p_0) \tag{3-5}$$

式中　D_1，D_2——部件 1、2 的排量（图 3-8）；

　　　　p_1——进油口压力，通常也是二次调节静液传动系统高压油路的工作压力；

　　　　p_2——液压变压器出油口处压力，也是液压变压器的输出压力；

　　　　p_0——回油压力，一般 $p_0 = 0$。

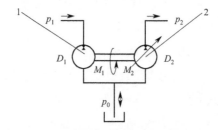

图 3-8 变压原理示意

忽略传动部件的摩擦阻力矩，在力矩平衡状态时，$M_1 + M_2 = 0$，进油口与出油口的压力比为：

$$\lambda = \frac{p_2}{p_1} = \frac{D_1}{D_2} \tag{3-6}$$

式中　λ——变压比。

由式（3-6）可知，变压比λ与部件1、2的排量成反比。因此，可通过调节排量 D_1/D_2 值实现二次调节系统负载油路压力调节。因为排量 D_1 是一个常值，因此通常是调节排量 D_2 来实现二次调节系统压力调节，以适应负载的变化。

为适应负载的变化，单作用叶片式液压变压器工作时，由电液伺服阀或电液比例阀控制变量油缸活塞移动，驱动部件2的定子15移动一定位移，从而改变偏心距的大小，部件2的排量 D_2 产生变化，改变变压比λ的大小，使二次调节系统实现变压，从而满足负载变化的需要。

不工作时，单作用叶片式液压变压器转子8与转子16均静止不动，输出流量为零，部件2的定子15位于除零点外的任一位置。

工作中，通过控制器控制电液伺服阀的输入信号，调节变量油缸活塞的位移大小和方向，从而可控制部件2的定子15与转子16的偏心距的大小和方向。

3.1.3　变量变压装置

叶片式二次元件、液压变压器有3种变量、变压装置设计方案和结构形式，分别是电控、液控和机控。

（1）双作用叶片式二次元件、液压变压器

1）电控

如图3-9所示，其变量、变压方法是通过伺服电机和齿轮传动实现的。电控变量变压装置主要由齿轮定子、齿轮和伺服电机等构成，在定子长轴中心150°的范围内，将椭圆形定子外圆圆弧加工成齿轮结构，定子在电机的带动下通过齿轮传动旋转，对双作用叶片式二次元件或液压变压器进行变量或变压。

2）液控

如图3-10所示，液控双作用叶片式二次元件或双作用叶片式液压变压器的变量、变压方法是通过液压伺服阀和液压油缸实现的，液压伺服阀控制的动态响应快，控制性能好。由活塞、变量杆、缸体和定子等构成液控变量变压装置，变量杆球形头置于活塞圆弧槽中，另一端固定在椭圆形定子长轴中心线处圆弧外表面上，由活塞带动定子旋转，对双作用叶片式二次元件或双作用叶片式液压变压器进行变量或变压。

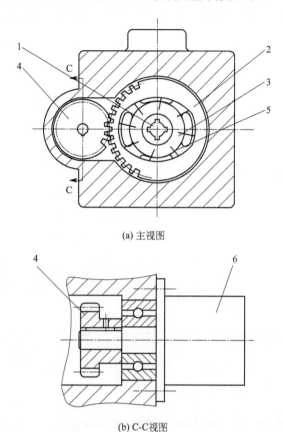

(a) 主视图

(b) C-C视图

图 3-9　电控变量变压装置

1—旋转轴；2—齿轮定子；3—转子；4—齿轮；5—叶片；6—伺服电机

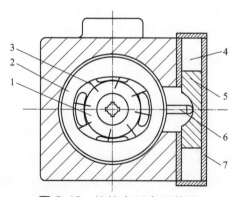

图 3-10　液控变量变压装置

1—转子；2—齿轮定子；3—叶片；4—变量油缸；5—活塞；6—变量杆；7—缸体

3）机控

如图 3-11 所示，双作用叶片式二次元件或双作用叶片式液压变压器的机控变量、变压方法是通过调节定子的旋转角度来实现的。机控变量变压装置主要由定子、手轮、螺母、上端盖、套筒、变量柱塞、螺杆、导向块、下端盖等构成，椭圆状定子长轴圆弧中心 150°的范围内加工成齿轮形状，变量柱塞的侧面加工成齿条形状，与定子构成齿轮传动副，导向块起导向作用的同时防止变量柱塞的转动，变量柱塞制作成螺纹结构，与螺杆构成螺纹传动副，使得螺杆只能转动而不上、下移动。通过旋转手轮，使变量柱塞上、下移动，通过齿轮传动驱动定子旋转，对双作用叶片式二次元件或双作用叶片式液压变压器进行变量或变压。

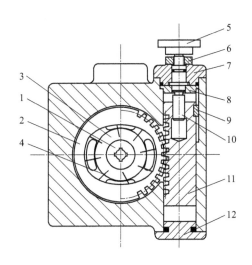

图 3-11 机控变量变压装置

1—旋转轴；2—定子；3—转子；4—叶片；5—手轮；6—螺母；7—上端盖；8—套筒；

9—导向块；10—螺杆；11—变量柱塞；12—下端盖

（2）单作用叶片式二次元件、液压变压器

1）液控

液控变量、变压方法是通过液压缸调节定子与转子的偏心距实现的。

液控变量、变压装置主要由定子、调节杆、变量油缸、摆动轴等组成。通过电液伺服阀控制变量油缸活塞的左、右移动，在调节杆的作用下，定子可绕摆动轴摆动，使定子中心和转子中心不重合，产生了一个偏心距，从而就实现了单作用叶片式二次元件或单作用叶片式液压变压器的变量或变压。

2）机控

如图 3-12 所示，其变量、变压方法是通过调节定子与转子的偏心距来实现的。

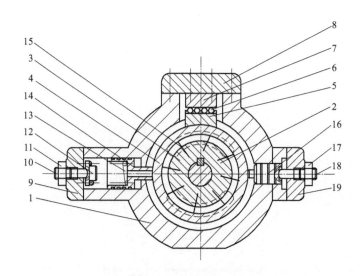

图 3-12　机控变量变压装置

1—壳体；2—旋转轴；3—转子；4—定子；5—下压板；6—滚柱；7—上压板；8—上盖板；9—左盖板；
10—预紧螺钉；11—螺母；12—弹簧座；13—预紧弹簧；14—滑座；15—叶片；
16—柱塞；17—螺母；18—偏心螺钉；19—右盖板

单作用叶片式二次元件或单作用叶片式液压变压器的机控变量、变压装置包括转子、定子、预紧螺钉、螺母、预紧弹簧、弹簧座、滑座、偏心螺钉、螺母、柱塞、左盖板、右盖板等。转子中心固定，定子中心可处在转子中心的左、右侧。二次元件不工作时，转子与定子中心重合，此为初始位置。椭圆状定子左表面与滑座接触，预紧弹簧放置在滑座中，并置于弹簧座上，弹簧座与预紧螺钉接触。可通过旋转预紧螺钉来调整预紧弹簧的预紧力，使其具有一定大小的预紧力。柱塞的右端与偏心螺钉接触，其左端与椭圆状定子的长轴右表面接触，旋转偏心螺钉可带动柱塞左右移动。工作时，顺时针或逆时针旋转偏心螺钉，通过柱塞带动定子左右移动，改变转子与定子偏心距大小和方向，实现单作用叶片式二次元件的变量或单作用叶片式液压变压器的变压。

3.1.4　叶片式二次元件性能研究

（1）双作用叶片式二次元件

1）主要技术指标

双作用叶片式二次元件的主要技术参数为：公称压力 16MPa，最高压力 25MPa，最大排量 $1.35 \times 10^{-4} m^3/r$，最高转速 1500r/min，最大转角 $\pm 45°$。

2）转速、转矩特性曲线

当双作用叶片式二次元件位于某一"液压马达"工况时，双作用叶片式二次元件的转矩、转速特性曲线如图 3-13 所示[37]。

图 3-13 中，曲线 1 为双作用叶片式二次元件的转速特性曲线，曲线 2 为双作用叶片式二次元件转矩特性曲线，因此双作用叶片式二次元件的转矩和转速控制性能好。由于其输出转矩大于系统阻力矩，因此在恒转矩控制过程中，双作用叶片式二次元件的转速将不断增大，当转速上升到大于限定转速时，为了防止飞车，对双作用叶片式二次元件取消转矩控制，进行转速控制。

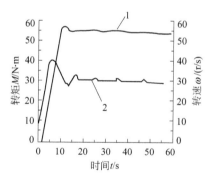

图 3-13　转矩、转速特性曲线

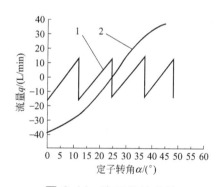

图 3-14　流量特性曲线

3）流量特性曲线

当双作用叶片式二次元件工作在"液压泵"的某一工况时，其流量特性的仿真曲线见图 3-14，曲线 1 表示双作用叶片式二次元件的叶片数等于 9 时，定子逆时针方向旋转 30°通过计算机仿真得到的流量特性；曲线 2 表示双作用叶片式二次元件的叶片数为 12 时，定子逆时针方向旋转 30°通过计算机仿真得到的流量特性。

从图 3-14 中可以看出，叶片数为奇数的双作用叶片式二次元件的瞬时流量脉动比叶片数为偶数时的瞬时流量脉动显著减小，这是因为当双作用叶片式二次元件的叶片数为奇数时，各封油区的叶片相位不同，都有一个相位差。随着双作用叶片式二次元件叶片数增加，由于封油区间隔角减小，其瞬时流量的脉动随之减小。因此，双作用叶片式二次元件的叶片数取奇数时，就能大大减小二次调节系统的振动、噪声和流量脉动。

（2）单作用叶片式二次元件

1）主要技术指标

单作用叶片式二次元件主要技术指标：公称压力 6.3MPa，最高压力 10MPa，最大排量 40mL/r，最高转速 1800r/min。

2）转速、转矩特性曲线

当单作用叶片式二次元件位于某一"液压马达"工况时，单作用叶片式二次元件的转矩和转速特性如图 3-15 所示。

图 3-15 中，曲线 1 为单作用叶片式二次元件的转速特性曲线，曲线 2 为单作用叶片式二次元件的转矩特性曲线[17]。从图 3-15 中可以看出其转矩、转速控制性能较好。同时由于其处于"液压马达"工况时输出转矩大于系统阻力矩，所以在恒转矩控制过程中，单作用叶片式二次元件的转速将不断增大，当转速上升到大于限定转速时，为了防止飞车，对单作用叶片式二次元件取消转矩控制，进行转速控制。

3）压力-流量特性曲线

当单作用叶片式二次元件位于"液压泵"工况时，压力-流量特性如图 3-16 所示。曲线 AB 说明，在一定压力工作范围内，单作用叶片式二次元件的流量变化不大；曲线 BC 说明，在超过某一压力值时单作用叶片式二次元件的流量随着压力的增高急剧减小。

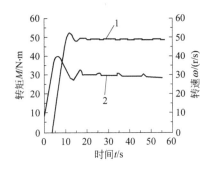

图 3-15　转矩、转速特性曲线

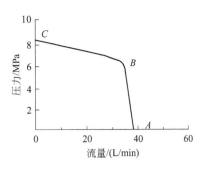

图 3-16　压力-流量特性曲线

3.2　新型能量储存技术

　　工作在恒压网络下的二次调节静液传动系统属压力耦联系统，油液的压力工作范围变化小，不利于二次调节静液传动系统能量的回收和再利用。克服这一弊端通常有两种途径：一是在二次调节静液传动系统的各负载回路连接液压变压器，对压力进行调节；二是将恒压网络改为非恒压网络，使系统的压力可调。在非恒压网络中，通过控制液压蓄能器的充油和放油过程，在能量回收过程中，根据负载的动能、重力能多少，可控制一个或多个储能回路依次充油，目的是保证液压蓄能器具有较高的充油压力；在能量利用过程中，根据负载工况不同，控制一个或多个蓄能回路释放储存的能量，以提高能量的利用率和利用效果，减少能量损失。然而，在非恒压网络中，二次调节静液传动系统通常不配置液压泵，没有恒压油源，负载变化对液压蓄能器的充油压力影响很大，例如，运行工况复杂多变的公交汽车，不同工况下其动能不同，于是回收的制动动能有多有少，蓄能器油液压力就高低不同，而蓄能器充油压力越高，能量的利用效果就越好；反之越差。

　　在用二次调节静液传动系统中蓄能器直接连在主油路上，工作中不对其储能和放能进行控制。在能量重新利用时，蓄能器储存的高压油就会一次性或绝大部分释放出来。然而公交汽车负载工况转换频繁，乘载质量、运行速度不断变化；当乘载质量小时，车辆运行需要动力小，消耗功率少；速度较低时，消耗功率也少。若不控制蓄能器中高压油的释放，许多能量就白白浪费掉了。

本章提出了一种非恒压网络下二次调节静液传动系统的蓄释能控制方法，并设计了新型储能装置，以控制能量回收和再利用过程，提高能量再利用效果与效率。

3.2.1　蓄释能装置结构及工作原理

二次调节静液传动系统的蓄释能装置由多个蓄能回路构成的[113]，具体是由多个液压蓄能组件和一个限压蓄能组件构成的，如图 3-17 所示。

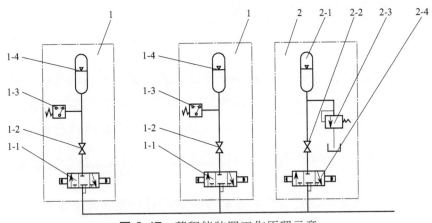

图 3-17　蓄释能装置工作原理示意

1—蓄能组件；1-1—控制阀；1-2—截止阀；1-3—压力继电器；1-4—蓄能器；

2—限压蓄能组件；2-1—蓄能器；2-2—截止阀；2-3—安全阀；2-4—控制阀

下面通过并联式混合动力公交汽车静液传动系统来说明其工作原理，如图 3-18 所示。

该混合动力传动系统主要包括蓄能组件、限压蓄能组件、变量泵、控制组件与双作用叶片式二次元件等，其中，蓄能组件包括蓄能器、控制阀、截止阀、压力继电器等；限压蓄能组件由蓄能器、截止阀、安全阀、控制阀等组成；双作用叶片式二次元件的控制组件主要由电液伺服阀和变量油缸组成[114]。

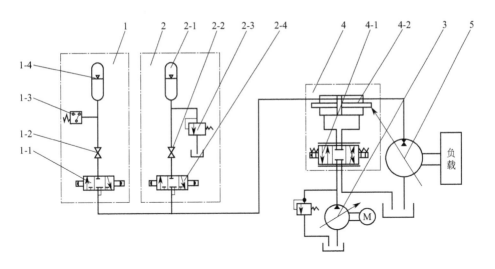

图 3-18 公交汽车并联式混合动力传动系统工作原理

1—蓄能组件；1-1—控制阀；1-2—截止阀；1-3—压力继电器；1-4—蓄能器；2—限压蓄能组件；

2-1—蓄能器；2-2—截止阀；2-3—安全阀；2-4—控制阀；3—变量泵；4—控制组件；

4-1—电液伺服阀；4-2—变量油缸；5—双作用叶片式二次元件

　　当车辆刚制动时，通过控制电液伺服阀或比例阀，使变量油缸的活塞左、右移动，改变双作用叶片式二次元件的定子转角及其大小，使其处在"液压泵"工况。在车辆惯性动能的作用下，双作用叶片式二次元件开始进行能量回收。此时，调节蓄能组件中的控制阀切换至左位，双作用叶片式二次元件回收的高压油首先储存在设定压力最低的蓄能组件蓄能器中。当蓄能器储油压力达到压力继电器的设定压力时，控制阀切换至中位，该蓄能组件充油结束。同时，调节设定压力更高的蓄能组件控制阀切换至左位，高压油就充入该蓄能组件中，达到设定充油压力时停止向该蓄能组件充油；依此工作下去。若双作用叶片式二次元件输出的高压油达不到蓄能组件的设定压力或无高压油输出时，储油过程结束；如果双作用叶片式二次元件仍有高压油输出，就向设定压力更高的蓄能组件或限压蓄能组件充油，直至达到限压蓄能组件安全阀限定压力为止，多余的高压油将从安全阀溢流掉。

　　当混合动力公交客车起动、加速时，通过控制电液伺服阀或比例阀，使变量油缸的活塞左、右移动，改变双作用叶片式二次元件的定子转角及其大小，使其处在"液压马达"工况。此时，调节控制阀 1-1、2-4 切换至右位，储存在蓄能器 1-4、2-1 中的高压油就释放出来，向处在"液压马达"工况的双作用叶片式二次元件供油，双作用叶片式二次元件与发动机共同工作，起动、加速车辆。工作中，可根据混合动力公交客车人员乘载质量、道路交通状况，控制蓄能组件和限压蓄能组件的工作，当乘载质量小、道路交通流量小时，控制一个蓄能组件释放高压油；当车辆乘载质量大、交通流量较大时，控制多个或全部蓄能组件和限压蓄能组件释放高压油。

3.2.2　蓄释能装置主要技术参数

蓄释能装置由多个蓄能组件和一个限压蓄能组件构成，蓄释能装置的技术参数主要包括最低、最高工作压力及蓄能组件的压力分配，以及蓄释能装置总容积与各蓄能器容积。

① 最低工作压力。蓄释能装置作为能量回收系统的能量存储元件，其最低工作压力 p_1 应略低于系统的工作压力。

② 最高工作压力。蓄释能装置最高工作压力 p_2 一般等于液压系统各元件许用的最高工作压力。

③ 蓄能组件压力分配。在实际应用中，二次调节静液传动系统中一般设置多个蓄能组件，通常为 3～6 个。各个蓄能组件的工作压力范围取决于二次调节系统的最高、最低工作压力，及蓄能组件的个数 z。

限压蓄能组件的设定压力即为蓄释能装置的最高工作压力 p_2，蓄能控制组件的最小设定压力为蓄释能装置的最低工作压力 p_1，每个蓄能组件的工作压力范围为：

$$\Delta p = \frac{p_2 - p_1}{z} \tag{3-7}$$

④ 蓄释能装置总容积。在二次调节静液传动系统的实际应用中，蓄释能装置的总容积由回收能量最大值（例如公交客车的最大动能）确定。

⑤ 蓄能器容积。各蓄能组件中蓄能器的容积 V 由蓄释能装置总容积 V_1 及蓄能组件的个数 z 决定，即

$$V = \frac{V_1}{z} \tag{3-8}$$

3.2.3 蓄释能装置性能研究

在公交客车二次调节混合动力传动系统中，蓄释能装置储存回收的能量和提供再生能量，因而有必要对蓄释能装置中蓄能器的工作状态进行分析，主要分析液压蓄能器充气压力和容量对传动系统压力变化的影响。

蓄能器压力变化与充气压力及容量关系式如下[99]：

$$\frac{1}{2}J(\omega_0^2-\omega^2)\eta=\frac{p_0V_0}{n-1}\left[\left(\frac{p_0}{p_2}\right)^{\frac{n-1}{n}}-\left(\frac{p_0}{p_1}\right)^{\frac{n-1}{n}}\right] \tag{3-9}$$

式中 p_0——蓄能器气体的充气压力；

V_0——蓄能器气体充气体积；

n——气体指数；

J——公交车辆质量折算到二次元件轴上的转动惯量；

η——能量回收效率；

ω_0——二次元件的初始转速；

ω——t 时刻的转速；

其余符号意义同前。

仿真数据及过程为：以 EM6601B 型客车为仿真对象，在状况良好的沥青混凝土水平路面行驶。主要技术参数为：满载总质量为 4500kg，后桥主传动比 4.55，轮胎型号为 7.00—16，气压 3.00×10^5Pa，轮胎在该气压下的工作半径为 0.35m。二次元件采用双作用叶片式二次元件。系统工作压力为 16MPa，车辆稳定行驶速度为 50km/h，车辆传动效率为 88%。蓄能器容量为 0.025m³，蓄能器充气压力分别为 20MPa 和 10MPa，能量回收效率为 50%。

公交客车制动过程进行能量回收时，蓄能器在不同充气压力下，双作用叶片式二次元件的转速、蓄能器压力变化仿真曲线如图 3-19 所示。

蓄能器充气压力设为 12MPa，容量分别为 0.06m³ 和 0.025m³，其他参数不变，双作用叶片式二次元件的转速、蓄能器压力变化仿真曲线如图 3-20 所示。

图 3-20 中，曲线 1 为蓄能器容量 0.025m³ 时的压力曲线；曲线 2 为蓄能器容量 0.06m³ 时的压力曲线。

从图中曲线可以得出：

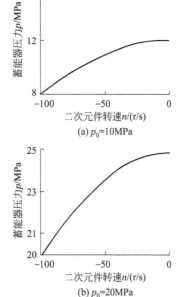

(a) $p_0 = 10$MPa

(b) $p_0 = 20$MPa

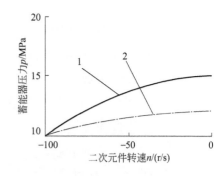

图 3-19 元件的二次转速、
蓄能器的压力变化仿真曲线

图 3-20 蓄能器的压力变化仿真曲线

① 在蓄能器充气压力一定的情况下，回收同样大小的能量，其容量越大，二次调节系统的工作压力变化越小，能量回收能力越强。

② 在蓄能器容量一定时，二次调节系统回收同样多少的能量，充气压力越大，系统工作压力的变化越小。

③ 蓄能器的充油压力越高，二次调节系统能量的利用效果越好。

为减小二次调节系统工作压力的变化，液压蓄能器的容量和充气压力应选取较大值。

3.3 新型能量转换储存控制技术

由于叶片式二次元件与液压变压器在不同负载工况下，可控性受外界干扰影响较大及二次调节静液传动系统的时滞、时变、非线性等因素，根据实时控制的要求，设计了两种控制方法：一种是基于 Hamiltonian 泛函法的 H_∞ 控制，用于公交客车并联式二次调节混合动力传动系统性能的仿真研究；另一种是将模糊控制、神经网络与专家控制进行结合，设计一种实时的智能复合控制系统，用于公交客车二次调节混合动力传动系统性能的试验研究中。通过仿真和试验研究，证明采用这两种控制方法的二次调节混合动力传动系统响应快，控制性能好，运行平稳，跟踪精度高。

3.3.1 控制方法的选择

（1）智能复合控制法

根据二次调节静液传动系统的不同状态和不同控制过程的要求，将神经网络、模糊控制与专家控制进行结合，形成的一种智能复合控制，满足系统对动态、静态性能指标的要求，以解决系统的非线性问题，达到理想的控制效果。

（2）Hamiltonian 泛函法

文献［73］针对二次调节速度控制系统提出了一种 H_∞ 控制策略，虽然该控制方法具有良好的鲁棒稳定性和抗干扰能力。然而，应该指出的是，该方法不能被应用于多输入、多输出变量系统中。而二次调节静液传动系统是一个时滞、时变的多变量非线性系统。

以二次调节速度控制系统为例，通过 Hamiltonian 泛函法对其稳定性和 H_∞ 控制问题等进行了研究，获得了一些新的研究结果。首先给出了一般的非线性系统 Hamiltonian 实现的概念，并提出了几个 Hamiltonian 的实现方法；然后基于 Hamiltonian 的实现形式，对系统的稳定性和 H_∞ 控制进行了研究。该研究方法的关键是将二次调节转速控制系统变换为 Hamiltonian 系统，该方法也可以用于研究其他类型二次调节静液传动系统和非线性系统的控制问题。

3.3.2 智能复合控制

（1）控制算法

非线性系统智能协调控制的基本思想是：通过设置非线性控制系统的

最小、最大误差的阈值 E_s 和 E_M，及最小、最大误差变化率的阈值 C_s 和 C_M，并比较反馈控制信号的误差 $e(t)$ 和误差变化量 $\Delta e(t)$，产生不同的指令信号 $u(t)$，从而实现对非线性控制系统进行实时智能协调控制。

① 当 $|e(t)| \geqslant E_M$ 且 $|\Delta e(t)| \geqslant C_M$ 时，表明信号误差超出误差阈值范围，系统应迅速做出调整，此时智能复合控制的神经模糊控制进入训练阶段，控制器为：

$$u(t) = \begin{cases} U_M & e(t) > E_M \\ U_s & e(t) < -E_M \end{cases}$$ (3-10)

式中　U_M——最大控制阈值；

　　　U_s——最小控制阈值。

② 当 $E_s \leqslant |e(t)| < E_M$ 且 $C_s \leqslant |\Delta e(t)| < C_M$ 时，非线性系统进行专家控制，神经模糊控制网络处于训练阶段，系统运行比较平稳，控制器为：

$$u(t) = u_1(t)$$ (3-11)

式中　$u_1(t)$——专家控制指令。

③ 当 $|e(t)| < E_s$ 且 $|\Delta e(t)| < C_s$，非线性系统进入神经模糊控制阶段，且在线训练，外界干扰得到有效抑制，系统运行比较平稳，控制器为：

$$u(t) = u_2(t)$$ (3-12)

式中　$u_2(t)$——神经模糊控制控制指令。

④ 当 $J < \varepsilon$ 且 $|e(t)| < E_s$ 时（ε 为性能指标阈值），此时，由于非线性系统的工作性能达到学习性能指标阶段，外界干扰小，误差、误差变化率小，控制鲁棒性较强，此时，智能复合控制的神经模糊控制停止在线学习，专家控制停止专家搜索，神经模糊控制进入实时控制阶段，控制器为：

$$u(t) = u_2(t)$$ (3-13)

$$J = \sum_{k=1}^{N} (y - r)^2$$

式中　J——学习性能指标；

　　　r——输入位移；

　　　y——输出位移；

N——允许训练次数。

⑤ 当 $J<\varepsilon$ 且 $|e(t)|\geqslant E_s$ 时，此时，由于存在参数突变，神经模糊控制不能满足系统要求，系统再次进入专家控制，神经模糊控制进行再学习，控制器为：

$$u(t)=u_1(t) \qquad (3\text{-}14)$$

⑥ 当 $J<\varepsilon$ 且 $|e(t)|<E_s$ 时，非线性系统不需要专家控制的再次干预，神经模糊控制进入边训练、边控制阶段，控制器为：

$$u(t)=u_2(t) \qquad (3\text{-}15)$$

⑦ 当学习次数$>N$ 且 $|e(t)|>E_s$，非线性系统运行达不到控制性能指标要求时，需要重新选取初始权值 $w(0)=w(t)$，神经模糊控制停止在线训练，进入专家控制阶段，控制器为：

$$u(t)=u_1(t) \qquad (3\text{-}16)$$

（2）智能控制器设计

为满足二次调节静液传动系统的实时控制要求，智能复合控制控制器包括基本控制级、专家智能协调级和学习组织级三个控制级，见图 3-21。

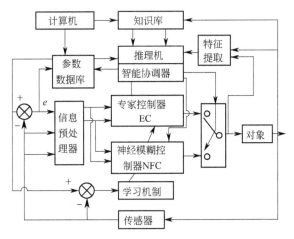

图 3-21 智能复合控制器结构框图

基本控制级可对闭环控制系统进行实时控制，它主要由专家控制器（EC）和神经模糊控制器（NFC）构成，形成知识共享和并行结构，在线实时监测被控对象，并根据系统性能在线协调控制策略，实时进行调整[115]。

特征提取是把系统在运行过程中的超调量、调节时间等特征信息提取出来进行记忆后，送入推理机构，判断系统性能指标是否满足工作要求，并根据系统性能好坏，然后对专家控制器和神经模糊控制器的控制参数进行调节和校正，从而逐步改善和优化整个系统的控制品质。

（3）控制性能仿真研究

图 3-22 所示为 MHC 的控制框图。

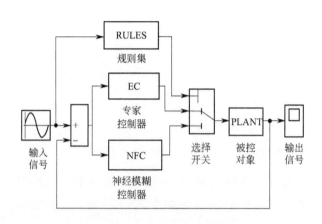

图 3-22 MHC 控制框图

通过"Multiport Switch"多通道选择开关来切换专家控制器 EC 和神经模糊控制器 NFC，"EC"和"NFC"由 SIMULINK 中的 S-Function 来实现，"EC"和"NFC"的切换指令由数据规则集控制。

当加载扭矩为 12.25N·m，系统工作压力为 5MPa，为模拟二次调节混合动力公交客车运行中的道路阻力，分别采用不同的控制策略，得到仿真曲线如图 3-23 所示。

从图 3-23 中可以看出：在常规 PID 控制下，系统上升时间长，超调量大，振荡现象较严重。在 NFC 控制下，系统上升时间和超调量都有不同程度的减少，且振荡减弱。在 MHC 控制下，二次调节系统启动快，超调量很小，静态误差小，抗随机扰动能力强。因此，与 PID、NFC 控制算法相比，MHC 跟踪性能更强，响应速度更快，可实现二次调节混合动力公交客车的功率等控制，从而实现无级变速，反映出良好的静态特性和动态特性。

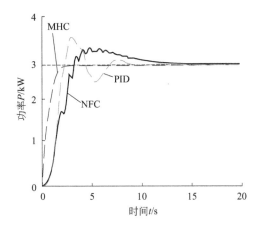

图 3-23 功率控制仿真曲线

3.3.3 Hamiltonian 泛函法的 H_∞ 控制

（1）Hamiltonian 系统的实现

假设某一非线性系统由下式表示：

$$\dot{x}(t) = f(x) + g(x)u \tag{3-17}$$

式中　$\dot{x}(t) \in \mathbf{R}^n$ ——状态变量, $\dot{x}(t) \in \mathbf{R}^n$；

　　　$g(x)$ ——加权矩阵；

　　　u ——外部输入；

　　　$f(x)$ ——满足 $f(0) = 0$ 的光滑向量场。

定义 1：连续可微泛函 $H(x)$ 是一个关于 x 的正则正定泛函（RP-DF），如果存在一个 K 类函数 α，使得：$H(x) \geqslant \alpha(\|x\|), H(0) = 0$，$\left.\dfrac{\partial H}{\partial x}\right|_{x=0} = 0$ 和 $\left.\dfrac{\partial H}{\partial x}\right|_{x \neq 0} \neq 0$。

例如，$H(x) = x_1^2 + x_2^2$ 是 R^2 内的一个正则正定泛函。

定义 2：称系统（3-17）有一个广义 Hamiltonian 实现（GHR），如果存在一个适当的坐标变换和一个泛函 $H(x)$ 使得系统（3-17）可表达如下。

Hamiltonian 系统的形式：

$$\dot{x}(t) = T(x)\nabla_x H(x) + g(x)u \tag{3-18}$$

$$\nabla_x H(x) = \frac{\partial H(x)}{\partial x}$$

注 1：注意到对一个给定的时滞系统其 GHR 不唯一。例如如下系统：

$$\dot{x} = f(x) = \begin{bmatrix} 2x_1 + x_1 x_2 \\ -x_2 \end{bmatrix} \tag{3-19}$$

并选取 Hamiltonian 泛函 $H(x) = (x_1^2 + x_2^2)/2$，则有下面两种实现形式：

$$\dot{x} = \begin{bmatrix} 2 + x_2 & 0 \\ 0 & -1 \end{bmatrix} \nabla_x H(x)$$

$$\dot{x} = \begin{bmatrix} 2 & x_1 \\ 0 & -1 \end{bmatrix} \nabla_x H(x) \qquad \circ$$

需要指出的是：应用 Hamiltonian 泛函法的关键是将研究系统表达为 Hamiltonian 形式。

下面，将给出系统（3-17）的几种 Hamiltonian 形式。

命题 1：式（3-17）总有如下正交分解实现。

$$\dot{x} = L(x) \nabla_x H(x)$$

式中，$L(x) = J(x) + S(x)$，$x \neq 0$；且若 $x = 0$，则 $L(x) = 0$。

$$\nabla_x H(x) = \frac{\partial H(x)}{\partial x}$$

$$J(x) = \frac{1}{\| \nabla_x H \|^2} \left[f_{td} \, \nabla_x H^T - \nabla_x H f_{td}^T \right]$$

$$S(x) = \frac{\langle f, \nabla_x H \rangle}{\| \nabla_x H \|^2} I_n$$

$$f_{gd}(x) = \frac{\langle f, \nabla_x H \rangle}{\| \nabla_x H \|^2} \nabla H$$

$$f_{td}(x) = f(x) - f_{gd}(x)$$

接下来，给出系统（3-17）的另一个 GHR 结果。

考虑系统（3-17），且令 $A_i = \left(\dfrac{\partial f}{\partial x_i} \right)^T = \left(\dfrac{\partial f_1}{\partial x_i}, \cdots, \dfrac{\partial f_n}{\partial x_i} \right)$，$a_i = \dfrac{\partial}{\partial x_i}$ $(i = 1, 2, \cdots, n)$，构造如下两个方程：

$$
\begin{bmatrix}
A_2 & -A_1 & & & & \\
A_3 & & -A_1 & & & \\
\vdots & & & \ddots & & \\
A_n & & & & -A_1 \\
& A_3 & -A_2 & & & \\
& \vdots & & \ddots & & \\
& A_n & & & -A_2 \\
& & \vdots & & \vdots & \\
& & & & A_n & -A_{n-1}
\end{bmatrix}
\begin{bmatrix}
X_1(x) \\
X_2(x) \\
\vdots \\
\vdots \\
\vdots \\
X_n(x)
\end{bmatrix} = 0
\qquad (3\text{-}20)
$$

$$
\left(
\begin{bmatrix}
a_2 & -a_1 & & & & \\
a_3 & & -a_1 & & & \\
\vdots & & & \ddots & & \\
a_n & & & & -a_1 \\
& a_3 & -a_2 & & & \\
& \vdots & & \ddots & & \\
& a_n & & & -a_2 \\
& & \vdots & & \vdots & \\
& & & & a_n & -a_{n-1}
\end{bmatrix}
\otimes I_n
\right)
\begin{bmatrix}
X_1(x) \\
X_2(x) \\
\vdots \\
\vdots \\
\vdots \\
X_n(x)
\end{bmatrix} = 0
\qquad (3\text{-}21)
$$

式中　$X_i(x)(i=1,2,\cdots,n)$——n 维列向量场；

$\otimes$——Kronecker 积，对任意的标量泛函 $h(x)$，定

义 $a_i h(x) = \dfrac{\partial h(x)}{\partial x_i}, i=1,2,\cdots,n$。

命题 2：如果式（3-20）以及式（3-21）有解 $[X_1(x), X_2(x), \cdots, X_n(x)]$，使得矩阵 $[X_1(x), X_2(x), \cdots, X_n(x)]_{n\times n}^T$ 非奇异，则存在 Hamiltonian 泛函 $H(x)$ 使得系统（3-17）有一个 GHR：

$$\dot{x}(t) = L(x)\nabla_x H(x) + g(x)u \qquad (3\text{-}22)$$

式中，$L(x) = [X_1(x), X_2(x), \cdots, X_n(x)]^{-T}$。

使用命题 2，可得下述常值实现。

推论 1：如果式（3-20）有一个常数解 $(X_1, X_2, \cdots, X_n)$，使得矩阵 $[X_1, X_2, \cdots, X_n]^T$ 非奇异，则必存在一个 Hamiltonian 泛函 $H(x)$

使得系统（3-17）有如下的常 Hamiltonian 实现：

$$\dot{x}(t) = L \, \nabla_x H(x) + g(x)u$$

式中，$L = (X_1, X_2, \cdots, X_n)^{-T}$。

注 2：命题 2 或推论 1 中的 Hamiltonian 泛函 $H(x)$ 可由下式得到：

$$H(x) = \int_{x_1^{(0)}}^{x_1} h_1(x_1, x_2, \cdots, x_n)dx_1 + \int_{x_2^{(0)}}^{x_2} h_2(x_1^{(0)}, x_2, \cdots, x_n)dx_2 + \cdots$$

$$+ \int_{x_n^{(0)}}^{x_n} h_n(x_1^{(0)}, x_2^{(0)}, \cdots, x_{n-1}^{(0)}, x_n)dx_n$$

式中，$x^{(0)} = (x_1^{(0)}, x_2^{(0)}, \cdots, x_n^{(0)})^T \in R^n$ 是初值点。

（2）Hamiltonian 系统 H_∞ 控制器设计

考虑下述带罚信号 $z = h(x)g^T(x)\nabla x H(x)$ 的端口控制 Hamiltonian (PCH) 系统：

$$\dot{x} = [J(x) + R(x)]\nabla_x H(x) + g_1(x)u + g_2(x)w \qquad (3\text{-}23)$$

式中，$J^T(x) = -J(x)$ 及 $R(x) \geqslant 0$，$H(x)$ 为 Hamiltonian 泛函且 $H(0) = 0$；z、$g_1(x)$、$g_2(x)$、$h(x)$ 是具有适当尺寸的加权矩阵；u 是外部输入；w 为外部干扰。

对 $\gamma > 0$，设计一个控制器 $u = \alpha(x)$，使得基于系统（3-23）和此控制器所得到的闭环系统，在 $w = 0$ 时是渐近稳定的，同时它的零状态响应 $w \in L_2[0, T]$ 满足：

$$\int_0^T \| z(t) \|^2 dt \leqslant \gamma^2 \int_0^T \| w(t) \|^2 dt, \infty > T \geqslant 0 \qquad (3\text{-}24)$$

命题 3：对 $\gamma > 0$，当 $u = 0$ [即：若 $z = 0$ 及 $w = 0 \Rightarrow \nabla_x H(x) = 0$] 时，假设系统（3-23）是广义零能量检测的，且

1）$H(x) \in C_2$，及其 Hessian 矩阵的赫斯 $[H(x_0)] \geqslant 0$；

2）不等式 $0 \leqslant W(x) = R(x) + \dfrac{1}{2\gamma^2}[g_1(x)g_1^T(x) - g_2(x)g_2^T(x)]$

$$(3\text{-}25)$$

则，系统（3-23）的 H_∞ 控制器可设计为：

$$u = -0.5\left[h^T(x)h(x) + \frac{1}{\gamma^2}I_m\right]g_1^T(x)\nabla_x H(x)$$

设某一二次调节速度控制系统[116]：

$$\dot{x}(t) = f(x) + g(x)u \tag{3-26}$$

式中，$f(x) = \begin{bmatrix} -\dfrac{K_v K_{cd}}{A}x_1 - \dfrac{K_v K_p K_{cs} P_0}{A y_{\max}}x_3 \\ x_3 \\ \dfrac{1}{J}x_1 - \dfrac{R_N}{J}x_3 \end{bmatrix} = \begin{bmatrix} -ax_1 - bx_3 \\ x_3 \\ cx_1 - R_N cx_3 \end{bmatrix}$；

$$g(x) = \begin{bmatrix} \dfrac{K_v K_p V_{2\max} P_0}{A y_{\max}} = d & 0 \\ 0 & 0 \\ 0 & -\dfrac{1}{J} \end{bmatrix}; \quad u = \begin{bmatrix} U(s) \\ M_L(s) \end{bmatrix}.$$

首先，设计控制器 $u = \begin{bmatrix} -ex_1 \\ J(x_2 + kx_3) \end{bmatrix} + l$，其中 $l = \begin{bmatrix} U(s) \\ M_L(s) \end{bmatrix}$ 是新输入。将 u 代入式（3-26）中，得：

$$\dot{x} = f(x) + g(x)l \tag{3-27}$$

式中，$f(x) = \begin{bmatrix} -(a+de)x_1 - bx_3 \\ x_3 \\ cx_1 - x_2 - (R_N c + k)x_3 \end{bmatrix}; g(x) = \begin{bmatrix} d & 0 \\ 0 & 0 \\ 0 & -c \end{bmatrix}.$

显然，系统（3-27）可用下面的 Hamiltonian 形式表示：

$$\dot{x} = [J(x) - R(x)]\nabla_x H(x) + g_1(x)u + g(x)l \tag{3-28}$$

式中，$H(x) = 0.5(x_1^2 + x_2^2 + x_3^2)$；

$$J(x) = \begin{bmatrix} 0 & 0 & -\dfrac{b+c}{2} \\ 0 & 0 & 1 \\ \dfrac{b+c}{2} & -1 & 0 \end{bmatrix}; R(x) = \begin{bmatrix} a+de & 0 & \dfrac{b-c}{2} \\ 0 & 0 & 0 \\ \dfrac{b-c}{2} & 0 & R_N c + k \end{bmatrix}.$$

首先说明系统（3-28）的稳定性。

定理 1： 当 $l = 0$ 时，假设存在真实常数 $e > 0$ 和 $k > 0$，使得 $a + de + cR_N + k > 0$ 和 $(a+de)(cR_N + k) - (c-b)^2/4 > 0$ 成立，则系统（3-28）是稳定的。

证明： 选取 $H(x) = 0.5(x_1^2 + x_2^2 + x_3^2)$ 作为 Lyapunov 泛函候选，沿

系统（3-28）的轨迹计算 $H(x)$ 的导数，且 $\nabla_x^T H(x) J(x) \nabla_x H(x) = 0$，则：

$$\dot{H}(x) = \nabla_x^T H(x) [J(x) - R(x)] \nabla_x H(x) = -\nabla_x^T H(x) R(x) \nabla_x H(x)$$

$$(3-29)$$

为在定理 1 设定的条件下证明系统（3-28）是稳定的，需要证明 $R(x) \geqslant 0$，也就是 $\dot{H}(x) \leqslant 0$。通过求解行列式 $|\lambda I - R(x)| = 0$ 的特征根，可得下列等式：

$$\lambda \left[\lambda^2 - \lambda(a + de + cR_N + k) + (a + de)(cR_N + k) - \frac{(c-b)^2}{4} \right] = 0。$$

从定理 1 设定的条件，可知所有特征根 $\lambda \geqslant 0$，即 $R(x) \geqslant 0$，因此系统（3-28）是稳定的。

其次，介绍系统（3-28）鲁棒控制结果。

考虑系统（3-28），将它分解为下式：

$$\dot{x} = [J(x) - R(x)] \nabla_x H(x) + g(x)v + g(x)w \qquad (3-30)$$

式中，$J(x)$，$R(x)$，$H(x)$ 及同系统（3-28），$v = \begin{bmatrix} U(s) \\ U_1(s) \end{bmatrix}$ 是外部输入，$w = \begin{bmatrix} 0 \\ M_L(s) - U_1(s) \end{bmatrix}$ 表示外部干扰，$M_L(s)$ 是负载扭矩，可以看作干扰信号[73]。不失一般性，让干扰衰减水平，设 $\gamma > 0$，选取

$$z = h(x)g^T(x)\nabla_x H(x) \qquad (3-31)$$

作为系统（3-30）的罚信号，其中 $h(x)$ 是具有适当维数的加权矩阵。

下面，应用假设 3 给出系统（3-30）的鲁棒控制结果。

定理 2： 假设存在真实常数 $\gamma > 0$，$e > 0$ 和 $k > 0$，使得不等式 $a + de + cR_N + k > 0$ 和 $(a + de)(cR_N + k) - (c - b)^2/4 > 0$ 成立，则带有罚信号（3-31）的系统（3-30）的 H_∞ 控制器可设计成 $v = -0.5 \left[h^T(x)h(x) + \frac{1}{\gamma^2} I_m \right] g^T (x)\nabla_x H(x)$。

证明： 选取 $H(x) = 0.5(x_1^2 + x_2^2 + x_3^2)$ 作为 Lyapunov 泛函候选，沿系统（3-28）的轨迹计算 $H(x)$ 的导数，且 $\nabla_x^T H(x) J(x) \nabla_x H(x) = 0$，通过命题 3 证明该定理。显然，系统（3-30）是广义零能量检测的

（GZED），且使命题 3 的条件（1）成立。

接下来，证明不等式（3-25）在定理设定的条件下是正确的，也就是说要证明 $W(x) \geqslant 0$。

由 $g_1(x) = g_2(x) = g(x)$，可得 $g_1(x)g_1^T(x) - g_2(x)g_2^T(x) = 0$。

另外，从 $a + de + cR_N + k > 0$ 和 $(a + de)(cR_N + k) - (c - b)^2/4 > 0$，及定理 1 的证明，可得 $R(x) \geqslant 0$。因此，有：

$$W(x) = R(x) + \frac{1}{2\gamma^2}[g_1(x)g_1^T(x) - g_2(x)g_2^T(x)] \geqslant 0$$

这表明命题 3 的不等式（3-25）是成立的。因此，基于命题 3，系统（3-30）的 H_∞ 控制器可设计为：

$$v = -0.5\left[h^T(x)h(x) + \frac{1}{\gamma^2}I_m\right]g_1^T(x)\nabla_x H(x)$$

综上所述，就可设计二次调节速度控制系统（3-26）的控制器了。

首先分解系统（3-26）如下式：

$$\dot{x}(t) = f(x) + g(x)v + g(x)w \tag{3-32}$$

式中，$f(x)$，$g(x)$ 同式（3-17），$v = \begin{bmatrix} U(s) \\ U_1(s) \end{bmatrix}$，$w = \begin{bmatrix} 0 \\ M_L(s) - U_1(s) \end{bmatrix}$。

令罚信号 $z = h(x)g^T(x)x$，系统（3-26）的控制结果如下。

定理 3：假设存在真实常数 $e > 0$ 和 $k > 0$，使得不等式 $a + de + cR_N + k > 0$ 和 $(a + de)(cR_N + k) - (c - b)^2/4 > 0$ 成立，则系统（3-26）的 H_∞ 控制器可设计为 $v = \begin{bmatrix} -ex_1 \\ J(x_2 + kx_3) \end{bmatrix} - 0.5\left[h^T(x)h(x) + \frac{1}{\gamma^2}I_m\right]g^T(x)x$。

注 3：从定理 1、2 和 3 可以很容易地看到，通过应用 Hamiltonian 泛函方法得到的结果简明、形式统一，这是 Hamiltonian 泛函法的优点。此外，由于哈密顿方法是研究非线性系统的有效工具，它可以扩展到研究非线性系统的控制问题，例如 Markovian 跳跃参数[117-120]、模糊系统[121,122]、容错、故障检测和可靠性控制问题[123-125]。

（3）系统控制性能仿真研究

通过 Hamiltonian 泛函法对二次调节速度系统（3-26）的控制性能进

行仿真研究。

令：$K_v = 4.45 \times 10^{-3}, k_{cd} = 0.75, K_p = 0.2, K_{cs} = 1, V_{max} = 6.37 \times 10^{-6}, P_0 = 20, A = 1.85 \times 10^{-3}, y_{max} = 0.015, J = 2.27, R_N = 500$。有：$a = 1.8, b = 641.5, c = 0.44, d = 0.0041$。取 $e = 5000, k = 5000$，且定理 3 的条件成立。设 $seth \ (x) = [1, 1]$，$\gamma = 0.5$，这样，系统（3-26）的 H_∞ 控制器可设计为：

$$u = \begin{bmatrix} -5000.0185x_1 + 0.02x_3 \\ -0.00205x_1 + 2.27x_2 + 11351.98x_3 \end{bmatrix} \tag{3-33}$$

为显示控制法则（3-33）的效果，对系统进行了数值模拟。仿真结果如图 3-24、图 3-25 所示为具有干扰信号的阶跃信号与正弦信号的响应曲线。

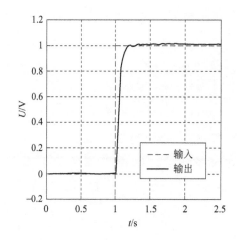

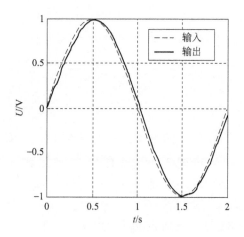

图 3-24　阶跃信号响应曲线　　　图 3-25　正弦信号响应曲线

从图中可以看出，通过 Hamiltonian 泛函法，次调节静液传动系统的动态特性明显得到了改进，而且在该控制器的控制下，系统具有较强的抗干扰能力和良好的鲁棒性。该方波信号可以看作是一系列的阶跃信号，所以响应曲线是一样的，不管怎样正弦信号显示出最佳的响应。

此外，为与传统 PID 控制比较。令二次调节速度系统（3-26）的压力为 5.5MPa，蓄能器充气压力为 4.2MPa，体积为 16L，负载转矩为

12.5N·m 和总转动惯量 1.93kg·m²。通过运用 Hamiltonian 泛函法和传统的 PID 控制策略，给出了速度控制系统的仿真曲线如图 3-26 所示。容易看出：在传统 PID 控制下，系统的上升时间较长，超调明显，振荡严重。而在 Hamiltonian 泛函法控制下，系统无超调，响应速度快，静态误差小，说明 H_∞ 控制器具有良好的控制性能。

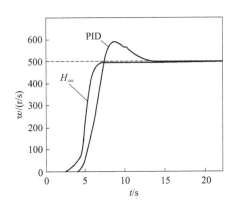

图 3-26　速度控制系统仿真曲线

3.3.4　基于观察器的 Hamiltonian 泛函法 H_∞ 控制

（1）Hamiltonian 系统的实现

首先考虑一个一般非线性系统，给出几个初步结果。

$$x(t) = f(x) + g_1(x)u + g_2(x)w \tag{3-34}$$

式中　　　$x(t)$ ——状态变量，$x(t) \in \mathbf{R}^n$；

　　　　　$f(x)$ ——满足 $f(0) = 0$ 的光滑向量场；

$g_1(x)$，$g_2(x)$ ——具有适当尺寸的加权矩阵；

　　　　　　u——控制输入信号；

　　　　　　w——外部干扰信号。

下面探讨当 $u=0$ 和 $w=0$ 时系统（3-34）的渐近稳定性，及基于观测器的 H_∞ 控制问题。

定义 1：如果存在一个 K 类函数 α 使得：

$H(x) \geqslant \alpha(\|x\|)$，$H(0) = 0$，$\left. \dfrac{\partial H}{\partial x} \right|_{x=0} = 0$，则连续可微泛函 $H(x)$

是一个关于 x 的正则正定泛函（RPDF），例如 $H(x)=x_1^2+x_2^2$ 是关于 x 的正则正定泛函。

定义 2：设系统（3-34）有一个广义 Hamiltonian 实现（GHR），如果存在一个函数 $H(x)$，通过适当的坐标变换，使系统（3-34）可表示为如下形式：

$$\dot{x}(t)=L(x)\nabla_x H(x)+g_1(x)u+g_2 w \tag{3-35}$$

式中，$\nabla_x H(x)=\dfrac{\partial H(x)}{\partial x}$。

注 1：对一个给定的时滞系统其 GHR 不唯一。

下面先给出系统（3-34）的广义 Hamiltonian 实现形式。

引理 1：系统（3-34）总有如下正交分解实现：

$$\dot{x}(t)=L(x)\nabla_x H(x)+g_1(x)u+g_2 w$$

式中，$L(x)=J(x)+S(x),x\neq0$;且若 $x=0$,则 $L(x)=0$, $\nabla_x H(x)=\dfrac{\partial H(x)}{\partial x}$,$J(x)=\dfrac{1}{\parallel\nabla_x H\parallel^2}[f_{td}\,\nabla_x H^T-\nabla_x H f_{td}^T]$, $S(x)=\dfrac{\langle f,\nabla_x H\rangle}{\parallel\nabla_x H\parallel^2}I_n,f_{gd}\ (x)$ $=\dfrac{\langle f,\ \nabla_x H\rangle}{\parallel\nabla_x H\parallel^2}\nabla H,\ f_{td}(x)=f(x)-f_{gd}(x)$。

注 2：引理 1 提出了一个通用的实现方法，这意味着所有的系统都可以通过应用该方法表示为 Hamiltonian 形式。

下面分析 Hamiltonian 系统基于观测器的鲁棒控制问题。

$$\dot{x}=[J(x)-R(x)]\nabla_x H(x)+g_1(x)u+g_2(x)w \tag{3-36}$$
$$z=\rho g_2^T(x)\nabla_x H(x)$$
$$y=g_1^T(x)\nabla_x H(x)$$

式中，$J^T(x)=-J(x),R(x)\geqslant0,H(x)$是一个 Hamiltonian 函数且 $H(0)=0,g_1(x),g_2(x),\rho>0$,是具有适当维数的加权矩阵，$u$ 是控制输入，w 是外部干扰。

系统（3-36）的鲁棒控制问题是，给出 $\gamma>0$ 时，求控制规律 $u=\alpha(x)$，当 w 消失时，使系统（3-36）的闭环控制是渐近稳定的，同时对于任意非零的 $w\in L_2\ [0,\ T]$，满足闭环系统的零状态响应。

$$\int_0^T\parallel z(t)\parallel^2 dt\leqslant\gamma^2\int_0^T\parallel w(t)\parallel^2 dt,\infty>T\geqslant0 \tag{3-37}$$

为了应用方便，提出如下两个假设。

假设 1：对于系统（3-36），设 $\nabla_x H(x) \neq 0$（$x \neq 0$），且是关于输入 u 和虚拟输出的零状态检测器，$y_1 = R^{\frac{1}{2}}(x)\nabla_x H(x)$。

若，$y_1 \equiv 0, u \equiv 0 \Rightarrow x \to x_0 (t \to \infty)$，$R^{\frac{1}{2}}(x)$ 表示 $R(x) = [R^{\frac{1}{2}}(x)]^2$ 和 x_0 是系统的等同点。

假设 2：对于系统（3-36），假设存在两个矩阵 $K(x)$ 和 $K_1(x)$ 且具有适当的维数

$$
\begin{aligned}
&W(x) = R(x) + [g_1(x)K(x) + K^T(x)g_1^T(x)] \geqslant 0 \\
&K(x) = K_1(x)W(x)
\end{aligned}
\tag{3-38}
$$

和系统：

$$
\dot{x} = [J(x) - W(x)]\nabla_x H(x)
\tag{3-39}
$$

是关于 $y_2 = W^{\frac{1}{2}}(x)\nabla_x H(x)$ 的零状态检测器。

引理 2：若 $\gamma > 0$，假设系统（3-36）满足假设 1 和 2，且

$$
\begin{cases}
R(x) + \Lambda[g_1(x)g_1^T(x) - g_2(x)g_2^T(x)] \geqslant 0 \\
W(x) - \Lambda g_1(x)g_1^T(x) \geqslant 0
\end{cases}
\tag{3-40}
$$

式中，$\Lambda = \dfrac{\rho^2}{2} + \dfrac{1}{2\gamma^2}$，$W(x) = R(x) + [g_1(x)K(x) + K^T(x)g_1^T(x)]$。

因而，系统（3-36）的观察者具有以下形式：

$$
\dot{\hat{x}} = [J(\hat{x}) - R(\hat{x})]\nabla_{\hat{x}} H(\hat{x}) + g_1(\hat{x})u + K^T(\hat{x})[y - g_1^T(\hat{x})\nabla_{\hat{x}} H(\hat{x})]
\tag{3-41}
$$

系统（3-36）的基于观测器的鲁棒控制器可设计为：

$$
u = [-K(\hat{x})]\nabla_{\hat{x}} H(\hat{x}) - \Lambda[y - g_1^T(\hat{x})\nabla_{\hat{x}} H(\hat{x})]
$$

（2）基于观测器的 Hamiltonian 系统 H_∞ 控制器设计

下面应用上述结果，研究系统（3-17）基于观测器的鲁棒控制问题。

首先，设计控制器 $u = \begin{bmatrix} -ex_1 \\ J(x_2 + kx_3) \end{bmatrix} + l$，其中 $l = \begin{bmatrix} U(s) \\ M_L(s) \end{bmatrix}$ 是新输入。

将 u 代入式（3-17）中，得：

$$\dot{x} = f(x) + g(x)l \qquad (3\text{-}42)$$

式中，$f(x) = \begin{bmatrix} -(a+de)x_1 - bx_3 \\ x_3 \\ cx_1 - x_2 - (R_Nc+k)x_3 \end{bmatrix}$，$g(x) = \begin{bmatrix} d & 0 \\ 0 & 0 \\ 0 & -c \end{bmatrix}$。

系统（3-42）可用下面的 Hamiltonian 形式表示：

$$\dot{x} = [J(x) - R(x)]\nabla_x H(x) + g(x)l \qquad (3\text{-}43)$$

式中，$H(x) = 0.5(x_1^2 + x_2^2 + x_3^2)$，$J(x) = \begin{bmatrix} 0 & 0 & -\dfrac{b+c}{2} \\ 0 & 0 & 1 \\ \dfrac{b+c}{2} & -1 & 0 \end{bmatrix}$，

$$R(x) = \begin{bmatrix} a+de & 0 & \dfrac{b-c}{2} \\ 0 & 0 & 0 \\ \dfrac{b-c}{2} & 0 & R_Nc+k \end{bmatrix}。$$

首先，我们在输入 $l=0$（l 是新输入）的情况下给出系统（3-43）的稳定性结果。

定理 1： 当 $l=0$ 时，假设存在真实常数 $e>0$ 和 $k>0$，使得 $a+de+cR_N+k>0$ 和 $(a+de)(cR_N+k)-(c-b)^2/4>0$ 成立，则系统（3-43）是稳定的。

证明： 首先，证明在定理条件下系统是稳定的。选取 $H(x) = 0.5$ $(x_1^2 + x_2^2 + x_3^2)$ 作为 Lyapunov 泛函候选，计算 $H(x)$ 的导数，由 $\nabla_x^T H(x)$ $J(x)\nabla_x H(x) = 0$，得：

$$\begin{aligned} \dot{H}(x) &= \nabla_x^T H(x)[J(x) - R(x)]\nabla_x H(x) \\ &= -\nabla_x^T H(x)R(x)\nabla_x H(x) \end{aligned} \qquad (3\text{-}44)$$

为证明 $\dot{H}(x) \leqslant 0$，需要证明 $R(x) \geqslant 0$，通过求解行列式 $|\lambda I - R(x)| = 0$ 的特征根，可得：

$$\lambda\left[\lambda^2-\lambda(a+de+cR_N+k)+(a+de)(cR_N+k)-\frac{(c-b)^2}{4}\right]=0。$$

由定理 1 可知：系统（3-43）的所有特征根大于等于零，即 $R(x)\geqslant 0$，因此系统是稳定的。

其次，证明该系统（3-43）是渐近稳定的。事实上，从定理和上述证明的条件，我们知道 $x_i\rightarrow0(i=1,3)$ 对于 $t\rightarrow\infty$〔特征根 $x_i(i=1,3)$ 为正〕。当 $l=0$ 时，容易得到 $\dot{x}_3=cx_1-x_2-(cR_N+k)\,x_3$，从而证明系统（3-43）渐近稳定。

将系统（3-43）分解为：

$$\dot{x}=[J(x)-R(x)]\nabla_xH(x)+g(x)v+g(x)w \tag{3-45}$$

式中，$J(x),R(x),H(x)$ 及 $g(x)$ 同系统（3-43），$v=\begin{bmatrix}U(s)\\U_1(s)\end{bmatrix}$ 是控制输入，$w=\begin{bmatrix}0\\M_L(s)-U_1(s)\end{bmatrix}$ 表示外部干扰，$M_L(s)$ 是负载扭矩，可看作干扰信号。

不失一般性，让干扰衰减，设 $\gamma>0$，选取

$$z=h(x)g^T(x)\nabla_xH(x) \tag{3-46}$$

作为系统（3-45）的罚信号；$h(x)$ 是具有适当维数的加权矩阵。

定理 2：假设存在 x_i（$i=1,2,3,4$），常数 $e>0$，$k>0$，使得不等式

$$a+de+cR_N+k>0,(a+de)(cR_N+k)-(c-b)^2/4>0 \tag{3-47}$$

$$(a+de+2dx_1)(cR_N+k-2cx_4)-(\frac{b-c}{2}+dx_2-cx_3)^2>0 \tag{3-48}$$

成立。由 $\gamma>0$，$\rho>0$，假设不等式

$$a+de+cR_N+k+2dx_1-2cx_4-\Lambda(d^2+c^2)>0 \tag{3-49}$$

$$(a+de+2dx_1-\Lambda d^2)(cR_N+k-2cx_4-\Lambda c^2)-(\frac{b-c}{2}+dx_2-cx_3)^2>0$$
$$\tag{3-50}$$

成立，式中 Λ 与引理 2 相同，系统（3-45）和系统（3-46）具有如下观察器形式：

$$\dot{x} = [J(\hat{x}) - R(\hat{x})]\nabla_{\hat{x}} H(\hat{x}) + g(\hat{x})u + K^T(\hat{x})[y - g^T(\hat{x})\nabla_{\hat{x}} H(\hat{x})]$$

$$(3\text{-}51)$$

基于观察器的系统（3-45）H_∞ 控制器可设计为：

$$u = [-K(\hat{x})]\nabla_{\hat{x}} H(\hat{x}) - \Lambda[y - g_1^T(\hat{x})\nabla_{\hat{x}} H(\hat{x})] \qquad (3\text{-}52)$$

证明：首先，证明在定理下满足引理 2 的所有条件。由条件（3-47）容易看出 $u=0$，$w=0$ 时系统（3-45）是渐近稳定的，这就意味着对于 $x \to 0$，$t \to \infty$。因此，假设 1 适用于该系统。

接下来，我们证明假设 2 是正确的，即存在两个矩阵 $K(x)$ 和 $K_1(x)$，这样 $W(x) \geqslant 0$，并且系统（3-39）是关于 $y_2 = W^{\frac{1}{2}}(x)\nabla_x H(x)$ 零状态检测器。实际上，令 $K(x) = \begin{bmatrix} x_1 & 0 & x_2 \\ x_3 & 0 & x_4 \end{bmatrix}$，且 $g_1(x) = g(x)$，

$$
\begin{aligned}
W(x) &= R(x) + [g_1(x)K(x) + K^T(x)g_1^T(x)] \\
&= \begin{bmatrix} a + de + 2dx_1 & 0 & \dfrac{b-c}{2} + dx_2 - cx_3 \\ 0 & 0 & 1 \\ \dfrac{b-c}{2} + dx_2 - cx_3 & 0 & R_N c + k - 2cx_4 \end{bmatrix}
\end{aligned}
\qquad (3\text{-}53)
$$

证明 $W(x) \geqslant 0$，通过求解行列式 $|\lambda I - W(x)| = 0$ 的特征根，可以得到下面的等式：

$$
\lambda \begin{bmatrix} \lambda^2 - \lambda(a + de + cR_N + k + 2dx_1 - 2cx_4) + (a + de + 2dx_1)(cR_N + k - 2cx_4) \\ -(\dfrac{b-c}{2} + dx_2 - cx_3)^2 \end{bmatrix} = 0
$$

从定理的条件（3-49）中可以看出 $\Lambda(d^2 + c^2) > 0$，可得 $a + de + 2dx_1 + cR_N + k - 2cx_4 > 0$，及条件（3-48）很容易获得所有的特征根 $\lambda \geqslant 0$，即 $W(x) \geqslant 0$。从 $W(x)$ 和 $K(x) = K_1(x)W(x)$，很容易得 $K_1(x)$，因此式（3-37）成立。

另外，根据定理 2 的条件，类似于定理 1 的证明，可以得到系统（3-38）是渐近稳定的，从中可以得出 $x \to 0$，$t \to \infty$。因此，系统（3-38）是零状态检测器，假设 2 成立。

下面证明 $R(x)+\Lambda[g_1(x)g_1^T(x)-g_2(x)g_2^T(x)]\geqslant0$，由 $g_1(x)=g_2(x)=g(x)$，$g_1(x)g_1^T(x)-g_2(x)g_2^T(x)=0$ 与条件（3-47），类似于定理 1 的证明，可以得到 $R(x)\geqslant0$，$R(x)+\Lambda[g_1(x)g_1^T(x)-g_2(x)g_2^T(x)]\geqslant0$ 成立。

为证明 $W(x)-\Lambda g_1(x)g_1^T(x)\geqslant0$，由式（3-53）可得

$$W(x)-\Lambda g_1(x)g_1^T(x):=F(x)$$

$$=\begin{bmatrix} a+de+2dx_1-\Lambda d^2 & 0 & \dfrac{b-c}{2}+dx_2-cx_3 \\ 0 & 0 & 1 \\ \dfrac{b-c}{2}+dx_2-cx_3 & 0 & R_Nc+k-2cx_4-\Lambda c^2 \end{bmatrix} \tag{3-54}$$

下面证明 $F(x)\geqslant0$，通过计算行列式 $|\lambda I-F(x)|=0$ 的特征根，可以得到下面的等式：

$$\lambda\left\{\begin{aligned} &\lambda^2-\lambda[a+de+cR_N+k+2dx_1-2cx_4-\Lambda(d^2+c^2)]+(a+de+2dx_1 \\ &-\Lambda d^2)(cR_N+k-2cx_4-\Lambda c^2)-(\frac{b-c}{2}+dx_2-cx_3)^2 \end{aligned}\right\}=0$$

根据定理的条件（3-49）和条件（3-50），可得 $F(x)\geqslant0$，式（3-40）成立。因此，若定理条件满足引理 2 的所有条件，就可设计系统的观测器和基于观测器的鲁棒控制器。

首先，按以下形式分解二次调节转速系统（3-26）：

$$\dot{x}(t)=f(x)+g(x)v+g(x)w \tag{3-55}$$

式中，$f(x)$、$g(x)$ 和系统（3-17）相同，$v=\begin{bmatrix} U(s) \\ U_1(x) \end{bmatrix}$，

$w=\begin{bmatrix} 0 \\ M_L(s)-U_1(x) \end{bmatrix}$。

给定 z 和 y，就可获得系统（3-26）的如下结果。

定理 3：对于系统（3-26），如果定理 2 的所有条件成立，则系统（3-26）的观察器具有以下形式：

$$\dot{\hat{x}}=f(\hat{x})+g(\hat{x})u+K^T(\hat{x})[y-g^T(\hat{x})\hat{x}] \tag{3-56}$$

基于观察器的鲁棒控制器可以设计为：

$$u = \begin{bmatrix} -ex_1 \\ Jx_3 \end{bmatrix} - K(\hat{x})\hat{x} - \Lambda \left[y - g^T(\hat{x})\hat{x} \right] \tag{3-57}$$

从系统 （3-26） 的输出 y 中，可得 $y_1 = dx_1$，$y_2 = -cx_3$，且这两个状态 x_i（$i = 1, 3$）是可检测的。因此，定理 3 中设计的基于观测器的鲁棒控制器是合理的。

（3）系统控制性能仿真研究

令 $K_v = 4.45 \times 10^{-3}$，$k_{cd} = 0.75$，$K_p = 0.2$，$K_{cs} = 1$，$V_{max} = 6.37 \times 10^{-6}$，$P_0 = 20$，$A = 1.85 \times 10^{-3}$，$y_{max} = 0.015$，$J = 2.27$，$R_N = 500$，有 $a = 1.8$，$b = 641.5$，$c = 0.44$，$d = 0.0041$，取 $x_i = 1$（$i = 1, 2, 3, 4$），$\rho = 0.1$，$\gamma = 0.5$，$e = 5000$，$k = 5000$，且定理 2 的条件成立。系统 （3-26） 的观测器和基于观测器的 H_∞ 控制器可设计为：

$$\hat{x} = \begin{cases} -22.308\hat{x}_1 - 641.06\hat{x}_3 + 0.0041x_1 - 0.44x_3 \\ \hat{x}_3 \\ 0.816\hat{x}_1 - \hat{x}_2 - 5220.387\hat{x}_3 + 0.0041x_1 - 0.053x_3 \end{cases} \tag{3-58}$$

$$u = \begin{bmatrix} -5000.01x_1 - 0.99\hat{x}_1 - \hat{x}_3 \\ 11349.12x_3 - \hat{x}_1 - 0.12\hat{x}_3 \end{bmatrix} \tag{3-59}$$

对系统 （3-26） 的控制性能进行了仿真，仿真结果如图 3-27～图 3-29 所示。

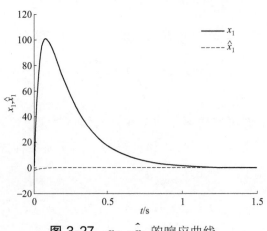

图 3-27　x_1、$\hat{x}_1$ 的响应曲线

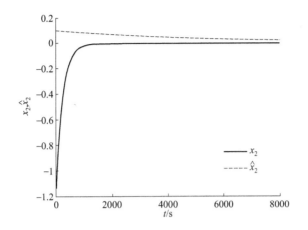

图 3-28 x_2、$\hat{x}_2$ 的响应曲线

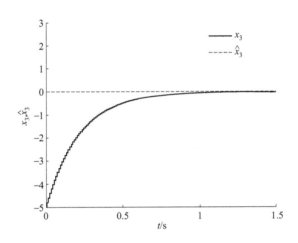

图 3-29 x_3、$\hat{x}_3$ 的响应曲线

分别表示状态 $x_i(i=1，2，3)$ 的响应曲线和 $M_L(s)=0$ 状态的估计 $\hat{x}_i(i=1，2，3)$，从图中可以看出，系统的状态 $x_i(i=1，2，3)$ 在所设计的观察器 (3-58) 下得到了很好的估计。

为了验证控制器 (3-58) 的鲁棒性，对系统控制性能在 $1.5\sim 2s$ 内引入的外部扰动 $M_L(s)=100$ 作用进行了仿真研究，仿真结果如图 3-30～图 3-32 所示。

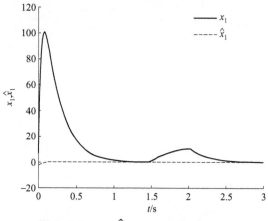

图 3-30 x_1, $\hat{x}_1$ 与 w 的响应曲线

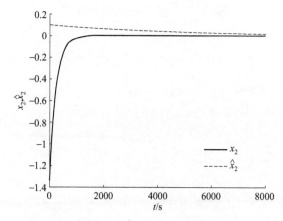

图 3-31 x_2, $\hat{x}_2$ 与 w 的响应曲线

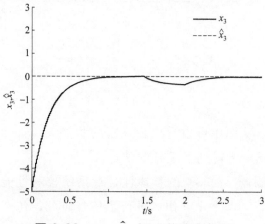

图 3-32 x_3、$\hat{x}_3$ 与 w 的响应曲线

从仿真结果可以看出，本章设计的基于观测器的控制器（3-58）抗干扰能力强，鲁棒性好。

3.4 本章小结

本章对非恒压网络中二次调节静液传动系统的新型能量转换技术、新型能量储存技术、新型能量转换储存控制技术进行了研究，分析了其结构与工作原理，并对其性能进行了分析研究。

① 二次元件与液压变压器是二次调节静液传动系统的关键部件，可无节流损失地实现机械能与液压能的相互转换。叶片式二次元件与液压变压器适合在 25MPa 以下的低压、中压和中高压范围内工作，它克服了二次元件与液压变压器品种单一，且只能在高压环境下使用的弊端，扩大了其种类和应用范围。与柱塞式二次元件相比，叶片式二次元件的流量脉动小，压力波动小，能够实现准确控制；同时具有结构简单、制造成本低、内泄露小、噪声低等优点。

② 蓄释能装置是由多个蓄能回路构成的，一般由多个液压蓄能组件和一个限压蓄能组件构成的，通过对液压蓄能器充油和放油过程进行控制，实现对二次调节系统能量回收、转换储存和重新利用过程控制；保证了蓄能器较高充油压力，提高了能量的再利用效果和效率。

③ MHC 可兼顾控制系统对动态、静态多种性能指标的要求，实现分段变结构控制。系统在 MHC 下，启动快，无超调，静态误差小，抗随机扰动强，跟踪性能强，响应速度快，满足二次调节静液传动系统的要求。

④ 以二次调节转速控制系统为例，将其变换为 Hamiltonian 系统形式，基于 Hamiltonian 泛函法，系统的动态特性明显得到了改进，而且在该控制器的控制下，系统具有较强的抗干扰能力和良好的鲁棒性。在 Hamiltonian 泛函法和基于观察器的 Hamiltonian 泛函法控制下，系统无超调，响应速度快，静态误差小、抗干扰能力强，说明 H_∞ 控制器具有良好的控制性能。该方法同样可用于其他二次调节静液传动系统中。

第**4**章

惯性动能的回收与再利用

引言

　　具有周期性工作的行走机械，如公共汽车、装载机等，大多起动制动频繁，制动动能被白白地浪费掉了。这样不仅浪费燃料，污染空气，而且还加剧了部件的磨损。公交客车二次调节静液传动系统有串联式、并联式和混联式等多种结构，本章以公交客车二次调节并联式混合动力系统为研究对象，在非恒压网络中，对公交客车制动动能的回收与再利用过程，及系统的应用性能进行研究。

　　公交客车二次调节静液传动系统关键元件的参数选择和控制性能、工况的切换规则以及控制策略的制定，都对混合动力公交客车的性能和效率产生显著的影响。而构建合理、准确的混合动力系统与液压元件模型是分析车辆性能的前提，通过建立公交客车二次调节混合动力传动系统的数学、仿真模型，进行性能仿真分析，为并联式二次调节静液传动系统的应用提供理论依据与技术参考。

4.1 在公交客车混合动力传动系统中的应用

4.1.1 公交客车并联式二次调节混合动力传动系统

（1）结构

公交客车并联式混合动力传动系统结构及示意如图 4-1、图 4-2 所示，包括机械传动系统、二次调节静液传动系统和电气控制系统。机械传动系统保留原车的机械系统，主要由发动机、离合器、变速箱、主减速器、驱动桥、传动轴、力传感式制动踏板、制动控制阀、制动器等组成，以使改装以后的车辆仍保持原动力性能。静液传动系统由二次元件、蓄释能装置、扭矩耦合器和离合器等构成，进行车辆制动能量的回收、转换储存和重新利用。在公交客车起步、加速时，协助发动机在短时间内大负荷或超负荷运行，提高燃油经济性。扭矩耦合器安装在变速器与主减速器中间，控制系统用来协调整个系统的正常运行。

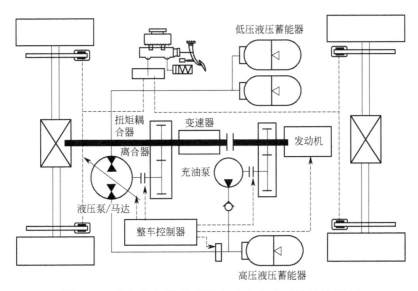

图 4-1　公交客车并联式混合动力传动系统结构原理

图 4-2　并联式混合动力传动系统结构示意

（2）工作原理

当公交客车处于起动工况，由蓄释能装置单独释放压力油驱动或联合为车辆提供驱动转矩。当公交客车处于上坡、加速工况，由压力传感器检测液压蓄能器压力，当液压蓄能器的储油压力高于设定的平均工作压力时，整车控制器发出指令，蓄释能装置作为辅助动力源与发动机共同工作，驱动车辆。当蓄能器的储油压力低于混合动力传动系统设定的平均压力时，控制阀切换，蓄能回路关闭，蓄释能装置不再释放高压油，公交客车单独由发动机驱动。当车辆制动时，二次元件工作在"液压泵"工况，进行能量回收，并起制动作用。

（3）特点

① 增大发动机在最经济工况工作的机会，减少燃油消耗和尾气排放，提高了公交客车的燃油经济性。

② 二次调节静液传动系统的二次元件回收车辆的制动动能和坡道行驶的重力能，相当于一个辅助能源，可较大限度地减小发动机的装机功率，发动机的功率可按车辆匀速行驶所消耗的功率设计计算。

③ 与串联式混合动力传动系统相比，并联系统二次元件的功率小、结构简单。

④ 系统中配置充油泵，可吸收发动机的富余功率，为液压蓄释能装置充油，保证较高的充油压力和再利用效果。

4.1.2　混合动力传动系统控制策略

（1）控制要求

混合动力传动系统有能量转换、能量储存和控制策略 3 个关键问题。其中，控制策略是系统控制的核心，不同控制策略要采用不同控制算法和设计不同控制器，以及要求不同排量的二次元件和蓄能器容量来匹配，导致系统产生不同的燃油消耗。

控制策略选取的原则是简单可靠，在保障动力传动系统性能稳定前提下尽量降低车辆耗油量，同时具有适当的响应与动态指标。另外，还应满足以下条件：

① 能量转换储存元件及传动装置工作效率高；

② 尽可能多回收车辆制动动能；

③ 回收能量再利用效率高、效果好。

（2）控制策略

1）起步加速工况

当车辆起步加速时，在控制器的控制下，二次元件处在"液压马达"工况，蓄释能装置释放能量，液压马达就输出扭矩协助发动机工作。

踏板行程分为两个阶段。

第一阶段：二次调节液压混合动力传动系统蓄释能装置释放的能量与油门行程成正比，车辆启动初期由蓄释能装置提供动力，这一行程占油门总行程的 1/3。

第二阶段：调节双作用叶片式二次元件的排量至最大，使蓄释能装置最大限度释放能量。当蓄能器储存的油液压力下降到设定值后，蓄释能装置关闭，由发动机单独提供车辆行驶所需动力。

在车辆行驶过程中，控制器检测发动机运行状况，如果发动机工作在最小燃油消耗特性曲线上，液压充油泵不工作；如果发动机有富余功率，则充油泵工作，将富余的机械能转化为液压能储存在蓄能器中。工作时，二次元件处于"液压马达"工况，与发动机共同驱动车辆运行，达到节能减排的目的。

2）制动工况

公交客车开始制动时，充油泵不工作，在控制器的控制下二次元件处在"液压泵"工况，回收车辆的惯性动能，储存在液压蓄能器中，并起制动作用。此时，混合动力传动系统提供同制动踏板行程成正比的制动减速度，原车制动系统不工作。当压力油超过蓄释能装置存储容量或车速降到设定值时，回收过程结束，原车的摩擦制动器起作用，使车辆快速制动。

如果车辆运行中需要紧急制动，原车的摩擦制动器直接起作用，使车辆立即制动。

并联式混合动力传动系统的基本工作模式，可用图 4-3 所示典型行驶工况来表示[126]。

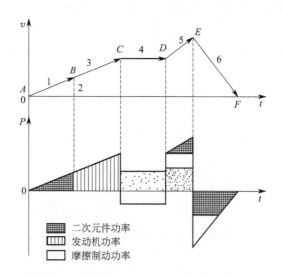

图 4-3 典型行驶工况与基本工作模式

图 4-3 中，上部曲线 *AC* 段为车辆由静止起步加速过程，*CD* 段为匀速行驶过程，*DE* 段为加速行驶过程，*EF* 段为制动停车过程。表明混合动力公交客车的 4 种基本工作模式：

① *AB* 段为二次元件的"液压马达"工况驱动模式；

② *BC* 段、*CD* 段为发动机驱动模式；

③ *DE* 段为发动机和二次元件联合驱动模式；

④ *EF* 段为制动能量回收模式，发动机处于怠速工况，二次元件在"液压泵"工况下工作。

图 4-3 中的下部曲线表示与上部曲线对应的驱动功率，在时间轴上方的功率为输出功率用于驱动车辆；在时间轴下方的表示二次元件处于"液压泵"工况，向系统充压力油，储存能量并制动。混合动力公交客车行驶过程中，将加速踏板指令、制动踏板指令、当前车速、液压蓄能器及车辆其他状态信息输送给整车控制器，确定系统的工作模式，从而控制车辆的工作模式切换。

4.1.3 主要元件与参数匹配选择

二次调节混合动力公交客车的起动和节能制动是由二次元件来完成

的。二次元件的功率应满足：起动工况初期工作在"液压马达"工况，单独提供驱动车辆的动力；制动工况工作在"液压泵"工况，提供回收车辆制动动能的转矩。

在混合动力公交客车起动初期，由二次元件单独输出扭矩起动车辆至设定车速。车辆行驶的力平衡方程为[99]：

$$F_t = F_f + F_w + F_i + m\frac{\mathrm{d}v}{\mathrm{d}t} \qquad (4\text{-}1)$$

式中　F_t——车辆行驶驱动力；

　　　F_w——空气阻力；

　　　F_f——滚动阻力；

　　　F_i——车辆行驶坡路阻力；

　　　m——整车质量；

　　　v——车辆速度。

车辆的行驶加速度为：

$$\frac{\mathrm{d}v}{\mathrm{d}t} = \frac{F_t - F_f - F_w - F_i}{\delta m} \qquad (4\text{-}2)$$

式中　δ——旋转质量换算系数。

车辆由起步加速到车速 v 的加速时间 T 为：

$$T = \frac{1}{3.6}\int_0^V \frac{\delta m}{F_t - F_w - F_f - F_i}\mathrm{d}v \qquad (4\text{-}3)$$

通常二次元件排量越大，回收能量的能力越强，因此应选择较大排量的二次元件。二次元件的排量由下式决定：

$$\min D = \max(D_1, D_2) \qquad (4\text{-}4)$$

$$D_1 = \frac{0.377r}{60\eta D p i_0 i}\left(Gf + \frac{C_d A v_{max}^2}{21.15}\right) \qquad (4\text{-}5)$$

$$D_2 = \frac{2\pi m r}{p i_0 i}\frac{\mathrm{d}v}{\mathrm{d}t} \qquad (4\text{-}6)$$

式中　D——二次元件的排量；

　　　v_{max}——二次元件单独驱动的车辆最高速度；

　　　f——阻力系数；

　　　G——整车重量；

r——车轮半径；

η——从二次元件到车轮的机械传动效率；

i_0——主减速比；

C_d——空气阻力系数；

A——车辆迎风面积；

p——液压系统的工作压力。

（1）二次元件的选择

该系统选用自行研发的双作用叶片式二次元件，其主要技术参数为：公称压力 16MPa，最高压力 25MPa，最大排量 $3.5 \times 10^{-4} \, \text{m}^3/\text{r}$，最高转速 1500r/min，定子最大转角 ±45°。

（2）液压蓄能器匹配选择

在公交客车二次调节混合动力传动系统中，一般选用皮囊式蓄能器作为系统能量储存元件。其响应速度快、流量大、工作压力范围大、泄漏损失小，在液压系统中得到了广泛的应用。可以回收机械设备的制动动能和重力能，作为混合动力传动系统的辅助能源。

1）蓄释能装置的最低压力

蓄能器既储存回收车辆的制动动能，又储存发动机的富余功率，最低工作压力应低于系统设定的平均工作压力：

$$p_1 < p_{avg} \tag{4-7}$$

式中　p_1——蓄释能装置的最低工作压力；

p_{avg}——系统设定的平均工作压力。

2）蓄释能装置的最高压力

蓄释能装置最高压力不得大于液压系统各元件允许的最高工作压力：

$$p_2 \leqslant p_{max} \tag{4-8}$$

式中　p_2——蓄释能装置的最高工作压力；

p_{max}——二次元件允许的最高工作压力。

3）蓄释能装置总容积

在二次调节静液传动系统的实际工程应用中，蓄释能装置的总容积上限应该按照能够回收能量的最大值（例如公交客车的最大动能）来计算[127]，即：

$$E_1 = -\int_{V_1}^{V_2} p\,\mathrm{d}V = -\int_{V_1}^{V_2} p_1 \left(\frac{V_1}{V}\right)^n \mathrm{d}V = -p_1 V_1^n \int_{V_1}^{V_2} V^{-m}\,\mathrm{d}V$$

$$= \frac{p_1 V_1^n}{n-1}(V_2^{1-n} - V_1^{1-n}) = \frac{p_1 V_1}{n-1}\left[\left(\frac{V_2}{V_1}\right)^{1-n} - 1\right]$$

$$= \frac{p_1 V_1}{n-1}\left[\left(\frac{p_1}{p_2}\right)^{\frac{1-n}{n}} - 1\right] = E_2 \tag{4-9}$$

式中　E_1——蓄释能装置回收能量的最大值；

　　　E_2——公交客车的最大动能；

　　　V_1——蓄释能装置充气压力下容积；

　　　V_2——蓄释能装置最高压力下容积。

其中，车辆最大动能 E_2 为：

$$E_2 = \frac{1}{2}mv_{\max}^2 \tag{4-10}$$

式中　$v_{\max}$——公交客车的最大速度。

通常蓄释能装置的总容积的确定，应以回收车辆在其平均速度下的动能为准，即：

$$E_1 = -\int_{V_1}^{V_2} p\,\mathrm{d}V = \frac{p_1 V_1}{n-1}\left[\left(\frac{p_1}{p}\right)^{\frac{1-n}{n}} - 1\right] \geqslant \frac{1}{2}mv_{\mathrm{avg}}^2 \tag{4-11}$$

式中　v_{avg}——公交客车的平均速度；

　　　n——气体的多变过程指数，无量纲。

4）蓄释能装置的选择

该系统的蓄释能装置为自行设计研制的，由 3 个蓄能组件和 1 个限压蓄能组件构成，对称安装在传动轴的两侧。蓄能器采用气囊式蓄能器，容积为 16L，总容积共 64L；最高工作压力为 25MPa，最低工作压力为 13MPa，每个蓄能组件的压力工作范围为 3MPa，这样限压蓄能组件的设定压力为 25MPa，第一个蓄能组件的设定压力为 22MPa，第二个蓄能组件的设定压力为 19MPa，第三个蓄能组件的设定压力为 16MPa。

（3）扭矩耦合器匹配选择

扭矩耦合器的速比选择应能高效地回收混合动力车辆的制动能

量[128]。扭矩耦合器传动比的设计，要保证双作用叶片式二次元件在驱动和制动过程中工作于高效区，即：

$$i = \frac{0.377rn}{i_0 v_{avg}}$$ (4-12)

式中 i——扭矩耦合器传动比；

n——二次元件效率最高时对应的转速。

扭矩耦合器的传动比直接影响着双作用叶片式二次元件的工作效率和车辆制动动能的回收。增大其传动比，不仅有利于二次元件在更大的功率范围内回收二次调节混合动力传动系统的制动能量，而且可用功率较小的发动机来减少或消除怠速工况，从而提高车辆燃油经济性。降低扭矩耦合器传动比，有利于提高二次元件工作效率，但对制动动能的回收有一定影响。

由于双作用叶片式二次元件低转速时容积效率很低，通常设定二次元件最低转速，以保证能量回收效率。当转速降低到设定最低转速时，系统停止回收能量。合理选择扭矩耦合器的传动比，可确保二次元件的转速不低于最低转速。若取最低转速为 n_{min}，可得回收制动能量的最低车速为：

$$v_{min} = \frac{0.377rn_{min}}{ii_0}$$ (4-13)

（4）离合器匹配选择

双作用叶片式二次元件离合器是用于二次调节静液传动系统和原车机械传动系统的接合与分离。当公交客车正常行驶时离合器断开，切断发动机与二次调节静液传动系统之间的动力传递。在公交客车制动和起步加速时离合器结合，以实现车辆制动能量的回收和重新利用。因此，离合器应满足以下 2 个基本要求：

① 可靠地传递二次元件最大转矩，防止系统过载；

② 结合完全、动作平顺，车辆起步平稳无冲击，分离迅速彻底、准确可靠，且能实现自动控制。

摩擦片式电磁离合器能够现实自动控制，具有结构简单、传动效率高等优点。其离合动作平稳，能在高速和较大转差下离合，过载时自行打滑保护系统主要元件。

离合器应按转矩及热容量设计，根据离合器所能传递的最大转矩来选择摩擦片或从动盘的外径[129]：

$$M_c = \zeta M_{emax} = Z f N_\Sigma R_m \tag{4-14}$$

式中　M_c——离合器的静摩擦力矩；

　　　ζ——离合器后备系数；

　　M_{emax}——二次元件的最大转矩；

　　　Z——摩擦面数；

　　　f——摩擦系数；

　　　N_Σ——摩擦面总压紧力；

　　　R_m——摩擦片平均摩擦半径。

平均摩擦半径 R_m 为：

$$R_m = \frac{1}{3}\frac{D^3 - d^3}{D^2 - d^2} = \frac{2}{3}\frac{R^3 - r^3}{R^2 - r^2} \tag{4-15}$$

式中　R，r——摩擦片的外半径，内半径；

　　　D，d——摩擦片的外径、内径。

假设摩擦片式电磁离合器离的压盘作用在摩擦面上压力是均匀分布的，单位面积上的压力为 N_0，摩擦面面积为 A，则：

$$N_\Sigma = N_0 A = N_0 \pi (R^2 - r^2) \tag{4-16}$$

根据式(4-14)～式(4-16) 可得：

$$T_c = \zeta T_{emax} = \frac{\pi f Z}{12} N_0 D^3 (1 - C^3) \tag{4-17}$$

式中　C——内、外径之比，$C = d/D$，通常 $C = 0.55 \sim 0.65$。

已知二次元件的最大转矩、离合器的结构型式和摩擦片材料，选择 ζ 和 N_0，就可确定摩擦片的外径尺寸 D。

根据上面计算的离合器主要参数，本书的混合动力传动系统选用 DLM10-100AG 干式多片电磁离合器。其主要技术参数：额定工作电压 24V；额定动/静力矩＝1000/1100N·m；线圈消耗功率（20℃）79W；接通/断开时间≤0.50/0.15s；允许最高转速 1600r/min。

4.1.4　混合动力传动系统建模

混合动力传动系统关键元件的参数选择和控制性能、工况的切换规则以及控制策略的制定等，显著影响车辆的性能；而构建混合动力传动系统各组成部件的数学模型是分析车辆性能的前提。

4.1.4.1　变量机构数学模型

（1）电液伺服阀

电液伺服阀数学模型经简化后，一般可表示为：

$$\frac{Q_{zf}(s)}{I(s)} = \frac{K_v}{\dfrac{s^2}{\omega_n^2} + \dfrac{2\xi_n}{\omega_n}s + 1} \tag{4-18}$$

式中　K_v——流量增益；

$\quad\quad Q_{zf}$——输出流量；

$\quad\quad I$——线圈输入电流；

$\quad\quad \omega_n$——固有频率；

$\quad\quad s$——拉普拉斯算子；

$\quad\quad \xi_n$——阻尼比。

由于伺服阀固有频率远大于系统频宽，故将其近似为一个比例环节：

$$\frac{Q_v(s)}{I(s)} = K_v \tag{4-19}$$

（2）变量油缸

流量连续性方程为：

$$q = A_g\frac{\mathrm{d}x_g}{\mathrm{d}t} + C_t p + \frac{V_t}{4\beta_e}\frac{\mathrm{d}p}{\mathrm{d}t} \tag{4-20}$$

$$C_t = C_i + \frac{1}{2}C_e$$

式中　A_g——活塞有效作用面积；

$\quad\quad x_g$——活塞位移；

$\quad\quad q$——进入油缸高压腔流量；

$\quad\quad C_t$——总的泄漏系数；

$\quad\quad C_i$——内部泄漏系数；

$\quad\quad C_e$——外部泄漏系数；

$\quad\quad p$——高压腔与低压腔压差；

V_t——两腔总容积；

β_e——油液体积弹性模量。

变量油缸和负载力平衡方程为：

$$A_g p = m_1 \frac{\mathrm{d}^2 x_g}{\mathrm{d}t^2} + B_1 \frac{\mathrm{d}x_g}{\mathrm{d}t} + k_1 x_g + F_f \qquad (4\text{-}21)$$

式中　m_1——活塞部分运动部件总质量；

B_1——黏性阻尼系数；

k_1——对中弹簧的弹簧刚度；

F_f——活塞所受外阻力。

其余符号意义同前。

4.1.4.2　二次元件数学模型

二次元件排量：

$$D_2 = \frac{D_{2\max}}{X_{g\max}} x_g \qquad (4\text{-}22)$$

式中　D_2——二次元件排量；

$D_{2\max}$——最大排量；

$X_{g\max}$——活塞最大位移量。

二次元件和负载的力矩平衡方程为：

$$p_s D_2 = J_2 \frac{\mathrm{d}^2 \theta}{\mathrm{d}t^2} + B_2 \frac{\mathrm{d}\theta}{\mathrm{d}t} + M_L \qquad (4\text{-}23)$$

式中　p_s——系统压力；

J_2——转动部件转动惯量；

θ——转子转角；

B_2——黏性阻尼系数；

M_L——外负载力矩。

4.1.4.3　混合动力传动系统数学模型

忽略空气阻力的影响，公交客车行驶驱动力平衡方程可表示为：

$$F_1 + F_2 = m \frac{\mathrm{d}^2 y}{\mathrm{d}t^2} + mgf\cos\beta + mgf\sin\beta \qquad (4\text{-}24)$$

式中　F_1——发动机驱动力；

F_2——二次元件驱动力；

m——车辆与负载总质量；

y——车辆位移；

g——重力加速度；

f——滚动阻力系数；

β——坡道角。

其负载力矩方程为：

$$T_L = \frac{r}{i_1 i_2} F_1 + \frac{r}{i_1 i_3} F_2 \qquad (4\text{-}25)$$

式中 i_1——车辆后桥传动比；

i_2——变速箱变速比；

i_3——传动装置传动比；

r——轮胎半径。

其余符号意义同前。

根据车辆位移与二次元件转子转角之间关系，得出混合动力公交客车的位移方程为：

$$y = \frac{r}{i_1 i_3} \theta \qquad (4\text{-}26)$$

4.1.4.4 混合动力传动系统开环模型

式（4-19）～式（4-26）经拉普拉斯变换，简化、合并处理，得转速、扭矩和功率反馈开、闭环控制方框图[108]。

（1）速度控制系统开环方框图

速度系统开环传递函数为：

$$\frac{\dot{Y}(s)}{I(s)} = \frac{K_m I}{J s^2 + B_2 s} \qquad (4\text{-}27)$$

$$K_m = \frac{K_v D_{2\max} p_s r}{A_g X_{g\max} i}$$

$$J = J_2 + \left(\frac{r}{i}\right)^2 m$$

式中 $\dot{Y}$——速度；

I——输入电流。

速度控制系统开环方框图如图 4-4 所示。

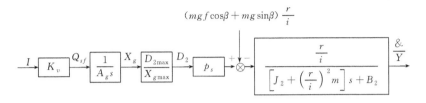

图 4-4 速度控制系统开环方框图

（2）扭矩控制系统开环方框图

二次元件输出轴的扭矩开环传递函数为：

$$\frac{T(s)}{I(s)} = \frac{K_f I}{s} \tag{4-28}$$

$$K_f = \frac{K_v D_{2\max} p_s}{A_g X_{g\max}}$$

扭矩控制系统开环方框图如图 4-5 所示。

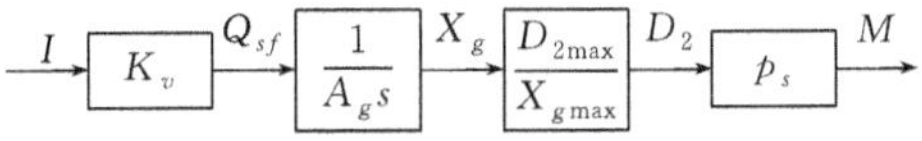

$$I \rightarrow \boxed{K_v} \xrightarrow{Q_{sf}} \boxed{\frac{1}{A_g s}} \xrightarrow{X_g} \boxed{\frac{D_{2\max}}{X_{g\max}}} \xrightarrow{D_2} \boxed{p_s} \xrightarrow{M}$$

图 4-5 扭矩控制系统开环方框图

（3）功率控制系统的开环方框图

在实际应用中，二次调节混合动力公交客车静液传动系统的速度信号和扭矩信号从二次元件输出轴上获得较为方便，二次调节混合动力公交客车的功率控制系统开环方框图如图 4-6 所示。

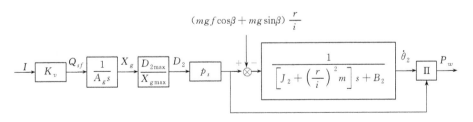

图 4-6 功率控制系统开环方框图

4.1.4.5　混合动力传动系统闭环模型

由于双作用叶片式二次元件的阻尼比小，系统易产生振荡，引入旋转定子的位移信号，构成双反馈闭环控制系统后，可以显著地提高二次调节混合动力公交客车静液传动系统的阻尼比，减小振荡，改善控制性能。

（1）转速反馈闭环方框图

由速度系统开环方框图，可以得出二次调节静液传动系统的速度反馈系统闭环方框图，如图 4-7 所示。

（2）扭矩反馈闭环方框图

由二次调节混合动力公交客车扭矩反馈系统的开环方框图，可以得到其闭环方框图，如图 4-8 所示。

（3）功率反馈闭环方框图

由功率控制系统开环方框图，可以得到二次调节混合动力公交客车的功率反馈控制系统闭环方框图，如图 4-9 所示。

4.1.4.6　混合动力传动系统能量回收效率数学模型

（1）混合动力公交客车动能

车辆动能计算方程

$$\sum E_r = \sum \frac{1}{2} m (v_2^2 - v_1^2) \tag{4-29}$$

（2）蓄释能装置回收能量

由前面液压蓄能器匹配选择可知，蓄能器回收能量计算方程为[130]

$$E_1 = -\int_{V_1}^{V_2} p \, \mathrm{d}V = \frac{p_1 V_1^n}{n-1} (V_2^{1-n} - V_1^{1-n}) \tag{4-30}$$

（3）制动能量回收效率

制动能量回收效率 ε 为

$$\varepsilon = \frac{\sum E_1}{\sum E_r} = \frac{\dfrac{p_1 V_1^n}{n-1} (V_2^{1-n} - V_1^{1-n})}{\sum \dfrac{1}{2} m (v_2^2 - v_1^2)} \tag{4-31}$$

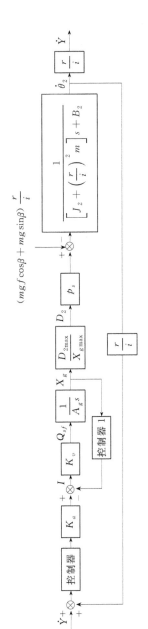

图 4-7 转速反馈系统闭环方框图

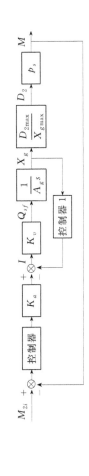

图 4-8 扭矩反馈系统闭环方框图

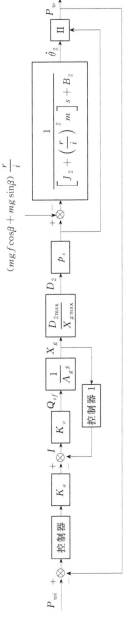

图 4-9 功率反馈系统闭环方框图

（4）影响制动能量回收效率的主要部件及参数

实现二次调节混合动力公交客车能量回收的关键部件是二次元件和蓄能器，它们的工作效率和数学模型的精确性直接影响二次调节混合动力公交客车的能量回收效率，因此，探讨二次元件的工作效率计算模型和建立液压蓄能器的精确数学模型非常必要。

1）二次元件工作效率

在"液压泵"或"液压马达"不同工况下，二次元件工作效率也不同。

"液压泵"工况下的容积效率 η_{PV} 为[131]：

$$\eta_{PV}=1-\frac{C_s}{\left|\dfrac{x_g}{X_{g\max}}\right|\dfrac{\mu\omega}{\Delta p}}-\frac{p_s}{\beta_e}-\frac{C_{st}}{\left|\dfrac{x_g}{X_{g\max}}\right|\sigma} \tag{4-32}$$

$$\sigma=\frac{\omega V_2^{\frac{1}{3}}}{\left(2\dfrac{p_s}{\rho}\right)^{\frac{1}{2}}}$$

式中　C_s，C_{st}——层流、紊流泄漏系数；

μ——动力黏度；

ω——角速度。

"液压泵"工况机械效率：

$$\eta_{PM}=\frac{1}{1+\dfrac{C_v}{\left|\dfrac{V_2}{V_{2\max}}\right|}\dfrac{\mu\omega}{\Delta p}+\dfrac{C_f}{\left|\dfrac{V_2}{V_{2\max}}\right|}+C_h\left(\dfrac{V_2}{V_{2\max}}\right)^2\sigma^2} \tag{4-33}$$

式中　C_v——层流阻力损失系数；

C_f——机械阻力损失系数；

C_h——紊流阻力损失系数。

"液压马达"工况的容积效率和机械效率分别为：

$$\eta_{mV}=\frac{1}{1+\dfrac{C_s}{\left|\dfrac{V_2}{V_{2\max}}\right|}\dfrac{\mu\omega}{\Delta p}+\dfrac{C_{st}}{\left|\dfrac{V_2}{V_{2\max}}\right|}\sigma+\dfrac{p_s}{\beta_e}} \tag{4-34}$$

$$\eta_{mM} = 1 - \frac{C_V \mu \omega}{\left| \dfrac{V_2}{V_{2\max}} \right| \Delta p} - C_h \left(\frac{V_2}{V_{2\max}} \right)^2 \sigma^2 - \frac{C_f}{\left| \dfrac{V_2}{V_{2\max}} \right|} \qquad (4\text{-}35)$$

2）蓄能器数学模型

蓄能器在充放能过程中存在热量损失，采用等温、绝热和多变指数进行建模均不够准确。为精确地表示蓄能器中 N_2 的 P-V-T 特性，本书采用 Benedict-Webb-Rubin 方程，建立其数学模型[132]。

假设在任意时间内气体和隔热层之间温度相同，则气体能量平衡方程为：

$$m_g \frac{\mathrm{d}v}{\mathrm{d}t} = -p_g \frac{\mathrm{d}V}{\mathrm{d}t} - m_f c_f \frac{\mathrm{d}T}{\mathrm{d}t} - hA_w (T - T_w) \qquad (4\text{-}36)$$

式中　m_g——气体质量；

　　　v——气体质量体积；

　　　m_f——隔热材料质量；

　　　p_g——气体绝对压力；

　　　V——气体容积；

　　　c_f——隔热材料比热容；

　　　h——热传导系数；

　　　T——气体温度；

　　　T_w——液压蓄能器壁温度；

　　　A_w——液压蓄能器壁有效面积。

单位质量气体的内能为：

$$\mathrm{d}u = c_v \mathrm{d}T + \left[T \left(\frac{\partial p_g}{\partial T} \right) - p_g \right]_v \mathrm{d}v \qquad (4\text{-}37)$$

式中　u——气体内能；

　　　c_v——气体定容比热容；

　　　v——气体质量体积。

由式(4-36) 和式(4-37) 得：

$$\left(\tau + \frac{m_f c_f}{hA_w} \right) \frac{\mathrm{d}T}{\mathrm{d}t} = \frac{T_w - T}{\tau} - \frac{T}{c_v} \left(\frac{\partial p_g}{\partial T} \right)_v \frac{\mathrm{d}v}{\mathrm{d}t} \qquad (4\text{-}38)$$

式中　τ——蓄能器的热时间常数，$\tau = m_g c_v / hA_w$。

气体压力与温度和质量体积的状态方程为：

$$p_g = \frac{RT}{v} + \left(B_0 RT - A_0 - \frac{C_0}{T^2}\right)\frac{1}{v^2} + \frac{bRT - a}{v^3} + \frac{a\alpha}{v^6} + \left[c\left(1 + \frac{\gamma}{v^2}\right)e^{-\gamma/v^2}\right]\frac{1}{v^3 T^2}$$

$$(4\text{-}39)$$

式中 R——理想气体常数；

A_0，B_0，C_0，a，b，c，α，γ——BWR 物态方程常数。

由式(4-38) 和式(4-39)，可得气体能量方程为：

$$\frac{\mathrm{d}T}{\mathrm{d}t} = \frac{T_0 - T}{\tau} - \frac{1}{c_V}\left[\left(1 + \frac{b}{v^2}\right)\frac{RT}{v} + \frac{1}{v^2}\left(B_0 RT + \frac{2C_0}{T^2}\right) - \frac{2C_0}{v^3 T^2}\left(1 + \frac{\gamma}{v^2}\right)e^{-\frac{\gamma}{v^2}}\right]\frac{\mathrm{d}v}{\mathrm{d}t}$$

$$(4\text{-}40)$$

4.1.5　混合动力传动系统性能仿真

二次调节静液传动技术应用于不同的控制系统时，在能量回收过程中系统采用的控制方法和控制参数也不同。在实际工程应用中，可以根据需要选择控制系统的控制参数和能量回收方式，提高二次调节系统的能量回收和重新利用效果。

4.1.5.1　惯性动能的回收方式及其特点

不同的控制系统对于所控制的参数或非控制参数的要求也不同，因此当二次调节静液传动技术应用于不同的控制系统中，在能量回收过程采用的控制方法和控制的系统参数也会有所不同。在此，针对二次调节汽车在能量回收过程中的控制方式进行研究。

二次调节静液传动在形成闭环控制时，引入不同的反馈信号就可以构成不同参数的控制系统，根据二次调节技术在控制方面的这一灵活性，在实际应用中，可以根据实际系统的需要灵活地选择控制系统的各种参数及能量回收方式，从而更有效地实现能量的回收和重新利用。

（1）转速控制节能制动

转速控制节能制动就是在二次调节混合动力公交客车行驶于某一稳定车速时，在二次元件的转速控制闭环系统中输入一个值为零的指令信号，公交客车所产生的制动过程。

通过理论分析可以得出转速控制制动时二次元件的工作状态曲线如图4-10所示。

二次调节混合动力公交客车采用转速控制回收能量制动时，由于车辆的惯性作用，开始制动时转速大小及方向不变，二次元件输出扭矩反向，此时二次元件斜盘摆角控制到反向最大，曲线为 ab 段。制动初期，在二次元件最大反向扭矩和阻力矩的共同作用下，二次元件转速迅速下降，此时车速也迅速减

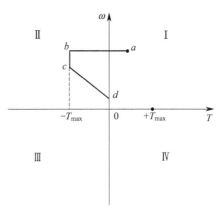

图 4-10　转速控制制动二次元件的工作状态

小，曲线为 bc 段。制动后期，随着二次元件转速和车速的下降，二次元件反向扭矩也减小直到零，曲线为 cd 段。曲线 cd 段的形状由控制器、二次元件和车辆组成的系统的参数决定。在曲线 abcd 上，处于坐标系第Ⅱ象限中的曲线部分，就是二次元件回收车辆惯性能的工作区段。

（2）恒扭矩控制节能制动

恒扭矩控制节能制动就是在二次调节混合动力公交客车行驶于某一稳定车速时，二次元件轴输出一恒定制动扭矩，车辆由此所产生的制动过程。

通过理论分析可以得出恒扭矩控制节能制动时二次元件的工作状态曲线如图 4-11 所示。二次调节混合动力公交客车采用恒扭矩控制节能制动时，由于车辆的惯性作用，开始制动时转速大小及方向不变，在控制器的作用下二次元件排量将被控制到一恒定的反向值，于是二次元件输出一恒定的制动扭矩，曲线为 ab 段。此后二次元件的输出扭矩将保持在这一恒定的制动扭矩上，直到二次元件的转速为零，车辆停止，曲线为 bc 段。在曲线 abc 上，处于坐标系第Ⅱ象限中的曲线 bc 部分，就是二次元件回收车辆惯性能的工作区段。

（3）恒功率控制节能制动

恒功率控制节能制动就是在二次调节混合动力公交客车行驶于某一稳定车速时，二次元件以一恒定制动功率制动，车辆由此所产生的制动过程。

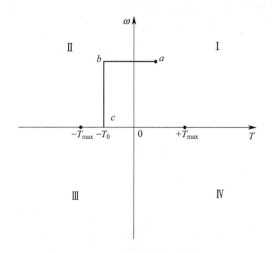

图 4-11　恒扭矩控制制动二次元件的工作状态

由于当二次元件的输出功率为一恒定的功率值时，在二次元件输出扭矩和转速构成的直角坐标系中，二次元件的输出扭矩与其输出转速之间的关系为一双曲线，因此恒功率控制节能制动时二次元件的工作状态应如图4-12所示。

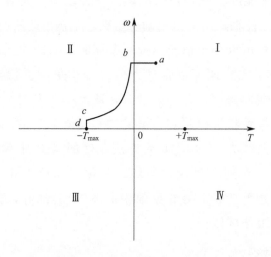

图 4-12　恒功率控制制动二次元件的工作状态

二次调节混合动力公交客车进行恒功率节能制动时，由于车辆的运动惯性，在开始制动时，二次元件的转速大小和方向基本不变，由于制动初期车辆的行驶速度较高，二次元件的转速也较大，此时二次元件产生的制动扭矩较小，制动扭矩值为 $T=P/\omega$，其中，P 为控制功率值，ω 为二次调节混合动力公交客车制动时二次元件的转速；此时二次元件斜盘摆角打到反向，二次元件的工作轨迹如曲线 ab 段。随着车辆在制动过程中行驶速度的降低，二次元件转速也减小，由于二次元件的输出功率恒定，因此二次元件的制动扭矩增大，二次元件的工作轨迹如曲线 bc 段，曲线 bc 呈双曲线形状。当二次元件的转速小于 P/T_{max}（其中 T_{max} 为二次元件的最大制动扭矩）时，制动扭矩达到最大值，二次元件的斜盘摆角达到最大反向摆角值，直到车辆停止，二次元件的工作轨迹如曲线 cd 段。

下面对二次调节混合动力公交客车性能进行仿真研究，仿真条件如下所述。

① 车型：EM6601B 型客车。

② 车辆主要技术参数为：满载总质量为 4500kg；后桥主传动比为 4.55；轮胎型号为 7.00-16，气压为 3.00×10^5 Pa，工作半径为 0.35m；车辆传动效率为 88%。

③ 二次元件：双作用叶片式二次元件。

④ 道路条件：状况良好的沥青混凝土水平路面。

4.1.5.2 转速控制性能仿真

二次调节混合动力公交客车转速反馈控制系统在基于 Hamiltonian 泛函法的 H_∞ 控制器控制下，通过转速控制回收公交客车的制动动能。转速控制回收制动能量时，双作用叶片式二次元件由第 I 象限的"液压马达"工况，进入第 II 象限"液压泵"工况，向系统回馈能量，随着制动继续和转速下降，二次元件又回到第 I 象限的"液压马达"工况。

根据二次调节混合动力公交客车转速反馈控制系统的闭环方框图，进行转速控制混合动力公交客车制动动能回收过程仿真[108]。速度控制制动动能回收的速度、扭矩和功率仿真曲线分别如图 4-13～图 4-15 所示。

由仿真数据计算可得：回收效率为 37.22%。

通过速度、扭矩和功率仿真曲线可以看出，转速控制混合动力公交客车制动动能回收有 2 个特点：

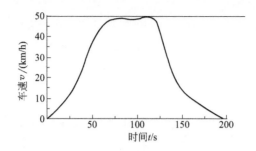

图 4-13　速度仿真曲线

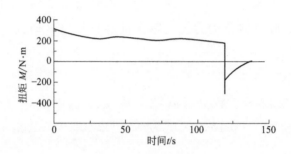

图 4-14　扭矩仿真曲线

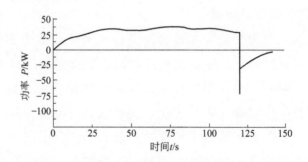

图 4-15　功率仿真曲线

① 制动初期，车速迅速减小，制动扭矩出现冲击峰值。

② 随着车辆速度的不断减小，车速下降的幅度也逐渐减小，同时制动扭矩也不断减小，车辆缓慢制动直到停止。

4.1.5.3 扭矩控制性能仿真

二次调节混合动力公交客车扭矩反馈控制系统在基于 Hamiltonian 泛函法的 H_∞ 控制器控制下，进行扭矩控制制动能量回收。扭矩控制制动动能回收时，双作用叶片式二次元件由第I象限"液压马达"工况进入第II象限"液压泵"工况，向系统回馈能量，直到二次元件转速为零，车辆停止。

根据二次调节混合动力公交客车扭矩反馈控制系统的闭环方框图，进行扭矩控制混合动力公交客车制动动能的回收过程进行仿真。

通过仿真，可以得到不同制动扭矩控制下，回收制动能量的速度、扭矩和功率曲线分别如图 4-16～图 4-18 所示。图中曲线 1 为制动扭矩 170N·m 的仿真曲线，曲线 2 为制动扭矩为 430N·m 的仿真曲线[133]。

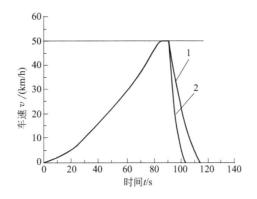

图 4-16 速度仿真曲线

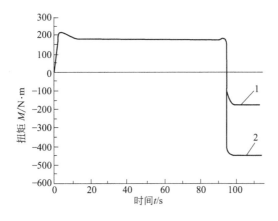

图 4-17 扭矩仿真曲线

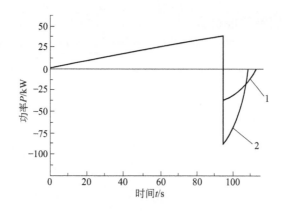

图 4-18　功率仿真曲线

从仿真曲线可以看出，扭矩控制混合动力公交客车的制动动能回收的特点如下：

① 在回收过程中，制动加速度可以根据实际工作需要选择。

② 双作用叶片式二次元件的制动扭矩越大，时间越少，混合动力公交客车的制动距离越短，克服行使道路阻力而消耗的能量就越少，能量回收效率就越高，因此，通过提高双作用叶片式二次元件的制动扭矩的大小，可提高能量的回收效率。

③ 根据实际工作需要，可以采用混合动力公交客车的最大制动力进行制动能量回收。

4.1.5.4　功率控制性能仿真

在功率控制公交客车制动动能的回收过程中，由于双作用叶片式二次元件的制动扭矩与功率值存在一定的函数关系，因此双作用叶片式二次元件的制动扭矩也是间接受到控制。双作用叶片式二次元件由"液压马达"工况的Ⅰ象限，进入"液压泵"工况的Ⅱ象限，直到车辆停止，双作用叶片式二次元件的转速为零。在基于 Hamiltonian 泛函法的 H_∞ 控制器控制下，根据二次调节混合动力公交客车功率反馈控制系统的闭环方框图，对其功率控制制动动能回收过程进行仿真[134]。

通过仿真可以得到如图 4-19～图 4-23 所示的不同功率控制下制动动能回收的速度、压力、流量、扭矩和功率曲线。图中实线为制动功率 1kW 时的仿真曲线，虚线为制动功率 4.5kW 时的仿真曲线。

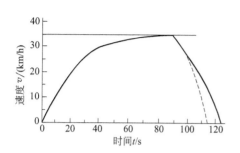

图 4-19　速度仿真曲线

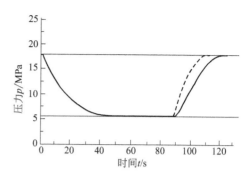

图 4-20　压力仿真曲线

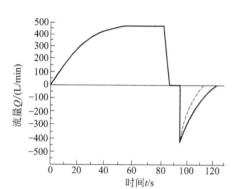

图 4-21　流量仿真曲线

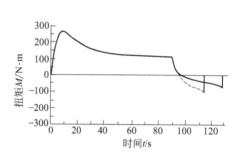

图 4-22　扭矩仿真曲线

仿真分析得：当双作用叶片式二次元件制动功率为 1kW 时，能量回收效率为 5.93%；制动功率为 4.5kW 时，能量回收效率为 18.22%。

当制动功率值较大时，双作用叶片式二次元件输出的制动扭矩较大，制动时间较少，制动距离较短，克服行使阻力消耗能量越少，能量回收效率越高；反之，能量回收效率越低。

从图中可以看出，功率控制混合动

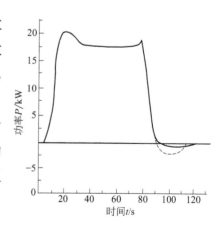

图 4-23　功率仿真曲线

力公交客车的制动动能回收的特点如下：

① 双作用叶片式二次元件能够回收车辆的制动动能，非恒压网络下双作用叶片式二次元件的工作压力是不断变化的，其压力变化范围在蓄能器的最高与最低压力之间。

② 随着车速增大，双作用叶片式二次元件的流量增大，当达到稳定转速时流量降为零，离合器断开，混合动力公交客车制动刚开始时，双作用叶片式二次元件的反向流量最大，随着车速的减小，其流量减少为零。

③ 在制动初期和制动的大部分时间内，制动扭矩变化缓慢、平稳，无突变现象，高速制动时也无冲击。在混合动力公交客车制动后期，制动扭矩变化较大，特别是当采用较大制动功率值时，制动扭矩突变、产生冲击现象。功率控制制动动能回收是通过间接控制制动扭矩来实现的，可选取不同功率值来控制制动初期的加速度。

④ 在非恒压网络中，混合动力公交客车发动机与双作用叶片式二次元件不存在能量的传递和转换，双作用叶片式二次元件将回收的制动动能用于车辆的启动和加速。

4.1.5.5 仿真结果分析

① 扭矩控制制动过程持续时间短，阻力作用时间短，克服阻力消耗的能量少，回收能量多，因此扭矩控制混合动力公交客车制动动能回收效率最大，所用时间最短。

② 功率控制制动时间与给定功率成反比，给定功率值越大，制动时间越少，阻力作用时间也越短，混合动力公交客车回收能量就越大。因此，通过缩短阻力作用时间可提高能量的回收效率。

③ 转速控制制动时，混合动力公交客车转速是连续变化的，需要一定时间转速才能减少为零，所以转速控制能量回收效率低。

④ 混合动力公交客车的结构与原车相比，多了一套液压助力传动系统，在没有降低原车动力性能的前提下，混合动力传动系统必然提高车辆动力性能；而多出来的动力来源于二次调节系统制动能量的回收，并没有另外消耗燃油，所以燃油经济性也比原车更好，经仿真分析节油率达到了20%以上。

4.1.6　混合动力传动系统性能试验

利用二次调节静液传动系统的模拟试验平台，对混合动力公交客车进行模拟试验研究，还进行了改装样车的实车试验。验证元件参数匹配、理论分析和控制策略的正确性。

4.1.6.1　模拟实验系统的组成

模拟实验平台系统原理如图 4-24 所示[99]。

模拟实验平台由主体单元、油源单元、储能单元、模拟加载单元和控制单元 5 个单元组成。

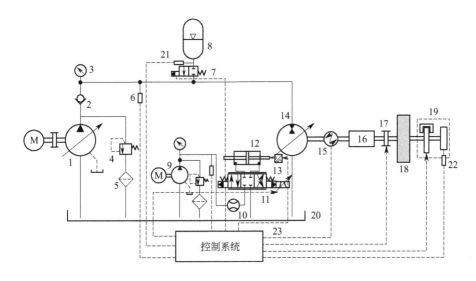

图 4-24　二次调节静液传动系统的模拟实验平台原理

1—变量泵；2—单向阀；3—压力表；4—溢流阀；5—滤油器；6—压力传感器；7—电磁换向阀；
8—蓄能组件；9—定量泵；10—流量传感器；11—电液伺服阀；12—变量油缸；13—位移传感器；
14—二次元件；15—转矩转速传感器；16—扭矩耦合器；17—电磁离合器；18—飞轮组；
19—磁粉制动测功机；20—油箱；21—压力传感器；22—转矩拉力传感器；23—控制系统

（1）主体单元

主体单元主要包括双作用叶片式二次元件、转矩/转速传感器、扭矩耦合器、电磁离合器和飞轮组等，其作用是模拟惯性负载的驱动和再生制动过程，通过改变变速箱传动比可以模拟二次元件驱动惯性负载情况，调节二次元件达在"液压马达"或"液压泵"工况切换工作状态，并改变排量大小。

（2）油源单元

油源单元主要由电动机、恒压变量泵和油箱组成，其作用是为系统提供恒定的压力油。

（3）储能单元

储能单元主要包括并联的多个液压蓄能组件及限压蓄能组件，蓄能组件可同时或单独工作，能够模拟蓄能器不同充气压力和不同容积的能量回收效果。

（4）模拟加载单元

模拟加载单元主要包括磁粉制动器及配套的加载控制器和数据显示仪表等，可以模拟路面负载的变化情况，或模拟机械摩擦制动器的制动效果。

（5）控制单元

控制单元主要由工业控制计算机、数据采集和输出板卡以及相关驱动和控制程序组成，对模拟实验台的运行状态进行监控和控制。

模拟实验平台实物如图 4-25 所示。

图 4-25 二次调节静液传动系统模拟实验台实物

4.1.6.2 试验系统主要技术性能指标

实验系统主要硬件及其参数如表 4-1 所列。

名 称	型号规格	主要参数
双作用叶片式二次元件	自制	公称压力 16MPa,最高压力 25MPa,最大排量 $1.35 \times 10^{-4} \mathrm{m}^3/\mathrm{r}$,最高转速 1500r/min,定子最大转角±45°
液压蓄能器	NXQ-L16/200-A	公称容积 $1.6 \times 10^{-2} \mathrm{m}^3$,额定压力 20MPa
电液伺服阀	SFL-205	额定流量 5L/min,额定压力 21MPa,输入电流范围±10mA
恒压变量泵	TZB63H-F-R	理论排量 $6.3 \times 10^{-5} \mathrm{m}^3/\mathrm{r}$,额定转速 1470r/min,额定压力 32MPa
油源电机	JO_2-82-4	额定转速 1470r/min,输出功率 40kW
扭矩耦合器	自制	Ⅰ挡传动比 3∶1,Ⅱ挡传动比 2.5∶1,Ⅲ挡传动比 1.25∶1,Ⅳ挡传动比 1∶1
飞轮组	自制	单片的转动惯量为 $0.4 \mathrm{kg} \cdot \mathrm{m}^2$,可多片自由组合使用,模拟车辆的不同载荷状态,负载盘的总转动惯量为 $2.4 \mathrm{kg} \cdot \mathrm{m}^2$
电磁离合器	DLM10-100AG	额定动/静力矩 1000/1100N·m,额定工作电压 24V,允许最高转速 1600r/min
压力传感器	MCY-B	量程 20MPa,增益 2MPa/V
流量传感器	LWGY	量程 10L/min,增益 0.5L/(min·mA)
转速转矩传感器	CGQ-20/TR-1B	额定转矩 200N·m,转速 0~4000r/min
位移传感器	FXg-BA71	量程±15mm,增益 0.75mm/mA
磁粉制动器/加载控制器/测量仪	CC-200LF/WLK-3C/TR-1B	额定转矩 200N·m,额定功率 10kW,最高转速 2500r/min,加载转矩增益 40N·m/V
工业控制计算机		CPU 总线频率 1.8GHz,内存容量 1GB
A/D 转换卡	PCI-1710	具有 16 路单端或 8 路差分输入通道,增益 0.5V、1V、2V、4V、8V,线性误差±1LSB,输入阻抗 1GΩ,增益为 1V 时,精度为满量程的±0.01%±1LSB,分辨率 12Bit,采样速率 100kS/s,单极性模拟输入电压范围 0~5V、1~10V、0~2.5V 和 0~1.25V,双极性模拟输入电压范围±5V、±10V、±2.5V 和±1.25V
D/A 转换卡	PCL-726	6 路模拟输出通道,吞吐量 15kS/s,分辨率 12Bit,输出电压范围 0~5V、1~10V、±5V、±10V

4.1.6.3 传动系统性能试验

（1）智能复合控制试验研究

试验中，调定二次调节系统工作压力为 6MPa，液压蓄能器充气压力为 5.5MPa，容积为 16L，负载扭矩为 12N·m，负载盘、二次元件、离合器和扭矩耦合器总转动惯量为 2.56kg·m² 时，分别采用 PID、NFC、MHC 对二次调节静液传动系统进行功率控制试验，如图 4-26 所示。

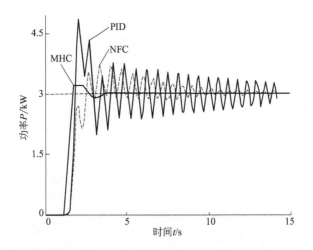

图 4-26　不同控制策略下的控制试验曲线

从图 4-26 中可以看出，智能复合控制既具有控制灵活性，又能解决系统的非线性问题，特别适合时变、非线性系统的控制。与其他两种控制策略相比，系统在 MHC 的控制下，无超调，误差小，响应快，反应灵敏，进一步增强了系统控制的稳定性和鲁棒性。因此所设计的智能混可控制策略是正确和有效的。

（2）系统性能试验

系统工作压力为 6.5MPa、8MPa 时进行的转速控制、扭矩控制及功率控制试验[108]，并对这两种压力工况系统性能进行比较。

1）转速控制

系统工作压力为 6.5MPa，液压蓄能器充气压力为 6MPa，容积为 16L，模拟道路阻力的加载扭矩为 10N·m，负载盘、二次元件、离合器和扭矩耦合器总转动惯量为 2.56kg·m² 时，采用 MHC 对混合动力公交客车进行转速控制制动能量回收试验，如图 4-27 所示。

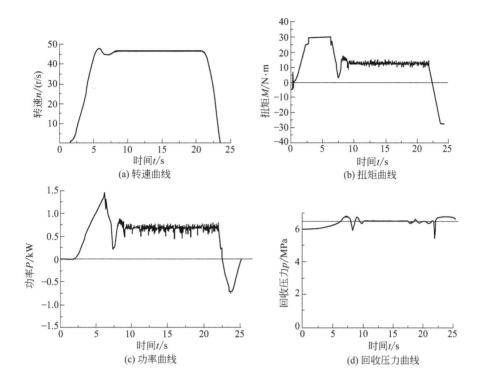

图 4-27 系统压力 6.5MPa 时转速控制能量回收曲线

计算得能量回收效率为 47.33%。

系统工作压力 8MPa，蓄能器充气压力 6MPa，容积 16L，模拟道路阻力的加载扭矩 12N·m，负载盘、二次元件、离合器和扭矩耦合器总转动惯量 2.56kg·m² 时，采用 MHC 控制进行转速控制能量回收试验，试验曲线如图 4-28 所示。

由试验数据计算得能量回收效率为 54.62%。

通过试验可以得出如下结论：

① 采用速度控制进行制动，实现了混合动力传动系统惯性动能的回收，在制动初期，制动扭矩最大，公交客车发生高速制动时不稳定现象，因此速度控制制动不适用于高速工况。

② 随着混合动力公交客车速度不断减小，制动扭矩也不断减小，车辆缓慢制动直到停止。

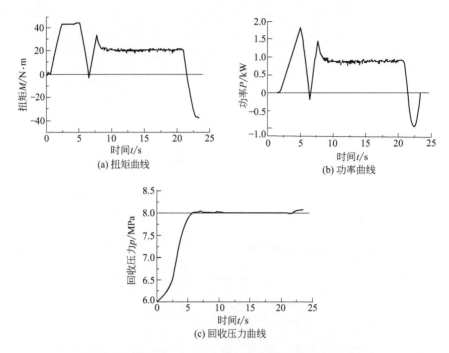

(a) 扭矩曲线

(b) 功率曲线

(c) 回收压力曲线

图 4-28 系统压力 8MPa 时转速控制能量回收曲线

2）扭矩控制

系统压力 6.5MPa，蓄能器充气压力 6MPa，容积 16L，模拟道路阻力的加载扭矩 10N·m，负载盘、二次元件、离合器和扭矩耦合器总转动惯量 2.56kg·m² 时，采用 MHC 对混合动力公交客车进行扭矩控制能量回收试验，如图 4-29 所示，曲线 1 为制动扭矩为 24N·m 的试验曲线，曲线 2 为制动扭矩为 12N·m 的试验曲线。

由试验可知：制动扭矩为 24N·m，制动时间为 3s，能量回收效率为

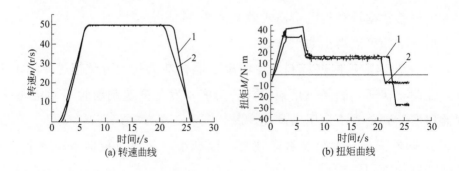

(a) 转速曲线

(b) 扭矩曲线

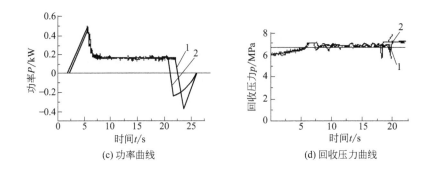

(c) 功率曲线

(d) 回收压力曲线

图 4-29 系统压力 6.5MPa 时扭矩控制能量回收曲线

66.78%；制动扭矩为 12N·m，制动时间为 6s 左右，能量回收效率为 59.83%。

系统工作压力 8MPa，蓄能器充气压力 6MPa，容积 16L，模拟道路阻力的加载扭矩 12N·m，制动扭矩 32N·m，负载盘、二次元件、离合器和扭矩耦合器总转动惯量 2.56kg·m² 时，采用 MHC 对混合动力公交客车进行扭矩控制制动能量回收试验，如图 4-30 所示。能量回收效率为 62.45%。

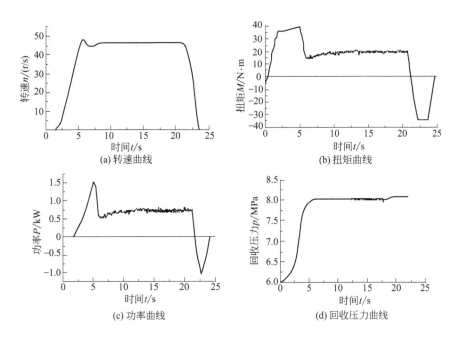

(a) 转速曲线

(b) 扭矩曲线

(c) 功率曲线

(d) 回收压力曲线

图 4-30 系统压力 8MPa 时扭矩控制能量回收曲线

通过该试验得出以下结论：

① 采用扭矩制动回收能量方法可以实现车辆最大制动力制动，提高了能量的回收效率；

② 制动扭矩越大，速度下降越快，制动时间越短，克服阻力消耗的能量越少，回收能量越多。

3）功率控制

在系统压力 6.5MPa，液压蓄能器充气压力 6MPa，容积 16L，模拟道路阻力的加载扭矩 10N·m，负载盘、二次元件、离合器和扭矩耦合器总转动惯量为 2.56kg·m² 时，采用 MHC 对混合动力公交客车进行功率控制能量回收试验，如图 4-31 所示。曲线 1 为制动功率 3.0kW，曲线 2 为制动功率 2.4kW。由试验曲线计算得：制动功率为 3.0kW 时，能量回收效率为 39.06%；制动功率为 2.4kW 时，能量回收效率为 35.08%。

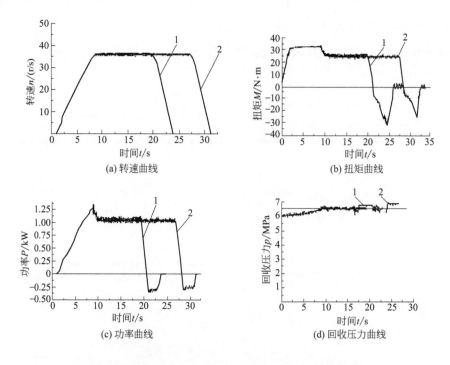

(a) 转速曲线 (b) 扭矩曲线

(c) 功率曲线 (d) 回收压力曲线

图 4-31　系统压力 6.5MPa 时功率控制能量回收曲线

系统工作压力 8MPa，蓄能器充气压力 6MPa，容积 16L，模拟道路阻力的加载扭矩 12N·m，负载盘、二次元件、离合器和扭矩耦合器总转动惯量为 2.56kg·m² 时，采用 MHC 对混合动力公交客车进行功率控制能量回收试验，制动功率 5kW，试验曲线如图 4-32（a）、图 4-32（d）所示。

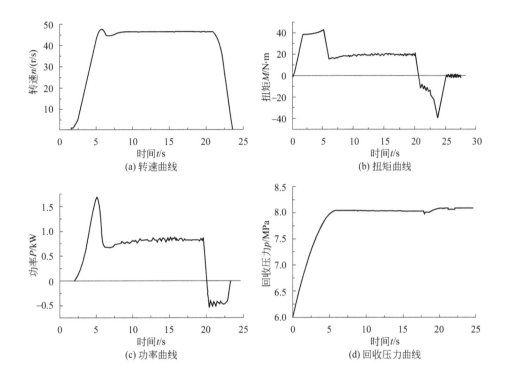

图 4-32 系统压力 8MPa 时功率控制能量回收曲线

经试验数据计算得能量回收效率为 53.82%。

通过试验得出以下结论：

① 在功率制动初期，制动扭矩较小，有利于车辆在高速制动时的稳定性和安全性；

② 制动功率值越大，能量回收效率也越大，可根据工作需要选取不同的制动功率值。

由上述不同系统工作压力下转速、扭矩、功率控制试验曲线可以得出如下结论：系统在加速和制动时，工作压力越高、变化幅度越小，制动能量回收效果越好。

4.1.6.4 试验结果分析

通过速度控制、扭矩控制、功率控制制动模拟实验，试验结果与仿真结果基本吻合，证明理论分析与数学模型建立准确，仿真结果是可信的。

① 转速控制不适用于高速制动工况，因为在制动初期制动扭矩最大，易造成高速时制动不稳定。

② 功率控制制动功率值越大，回收能量越多，能量回收效率也越大。可根据工作需要选择不同大小的制动功率，在制动初期扭矩小，因此高速制动时混合动力公交客车具有较好的稳定性和安全性。

③ 扭矩控制制动安全可靠，且可用最大制动力制动。制动扭矩越大，混合动力公交客车速度下降越快，回收效率越高。但制动初期制动扭矩易产生跃变，出现制动冲击加速度。

④ 二次调节混合动力传动系统工作压力越高，二次元件的响应速度越快，能量回收率越高。

由于二次调节静液传动系统控制灵活性较大，可根据实际工作需要选用不同的控制方式来回收车辆的制动动能，与转速控制、功率控制相比，扭矩控制更适合二次调节混合动力公交客车的节能制动。

4.1.7 二次调节混合动力公交客车样车实验

4.1.7.1 样车的结构组成与主要技术参数

（1）结构组成

二次调节混合动力公交客车主要由液压系统部分、机械系统部分和控制系统部分等组成，如图 4-1 所示。除发动机功率减小外，仍使用原车机械传动系统，使改装后车辆保持原动力性能。二次调节系统主要由液压泵/马达、蓄释能装置、扭矩耦合器和离合器构成，可实现公交客车制动能量的回收和再利用。蓄释能装置对称布置在传动轴两侧，扭矩耦合器安装在变速器与主减速器中间。控制系统用来协调整个系统的正常运行。

该样车是在长江牌 CJ6920G4C10H 客车底盘的基础上进行改进设计的。图 4-33 为样车结构布置示意，图 4-34 为车辆控制部分实物图，图 4-35 为能量转换单元，图 4-36 为改装后的发动机图，图 4-37 为节能型混合动力公交客车。

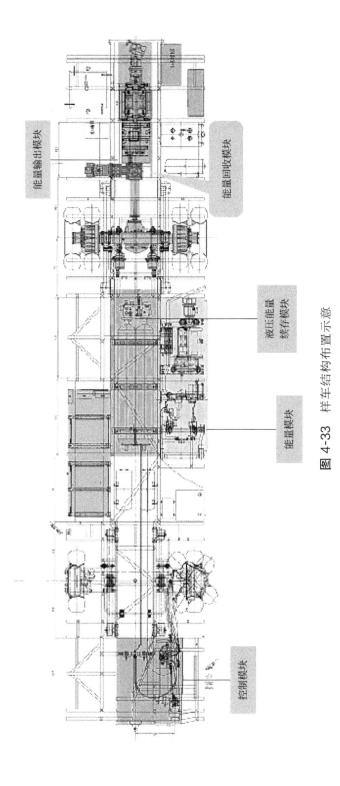

能量输出模块

能量回收模块

液压能量储存模块

能量模块

控制模块

图 4-33　样车结构布置示意

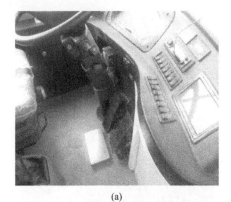

(a)

(b)

图 4-34　车辆操纵控制部分

图 4-35　能量转换单元

图 4-36　改装后的发动机

图 4-37 节能型混合动力公交客车

（2）主要技术参数

外形尺寸：9200mm×2480mm×3140mm。

总质量：12t。

整备质量：8000kg。

最高车速：80km/h。

发动机功率：改进前为 132kW，改进后为 75kW（玉柴发动机）。

双作用叶片式液压泵/马达：公称压力 20MPa，最高压力 25MPa，最大排量 $3.5×10^{-4}m^3/r$，最高转速 1500r/min，定子最大转角±45°。

蓄释能装置：由 3 个蓄能组件和 1 个限压蓄能组件构成，蓄能器容积为 16L，总容积共 64L；最高工作压力为 25MPa，最低工作压力为 13MPa。

扭矩耦合器：Ⅰ挡的传动比为 3：1；Ⅱ挡的传动比为 2.5：1；Ⅲ挡的传动比为 1.25：1；Ⅳ挡传动比为 1：1。

离合器：采用 DLM10-100AG 干式多片电磁离合器，额定动/静力矩 1000/1100N·m；线圈消耗功率（20℃）79W；额定电压 24V；接通/断开时间≤0.50/0.15s；允许最高转速 1600r/min。

4.1.7.2　样车的试验研究

依据国家标准《汽车燃料消耗量试验方法》（GB/T 12545.1—2008）（附录 1）、《客车定型试验规程》（GB/T 13043—2006）（附录 2），按照图

4-3 典型行驶工况与基本工作模式进行道路试验。

（1）试验过程

本次进行了4种工况的试验，具体过程如下。

1）工况1

混合动力公交客车全速行驶，行驶路段中有一大桥爬坡工况，最高车速50km/h，行程7930m，耗时933s。

同规格原公交客车进行了相同路段、相同工况的运行。

2）工况2

混合动力公交客车在一段公路上全速行驶，最高车速40km/h，行程3850m，耗时610.1s。

同规格原公交客车进行了相同路段、相同工况的运行。

3）工况3

混合动力公交客车在市区路段公交工况下，行驶了一个站牌距离（济宁市）约610m，前300m加速后匀速行驶至450m处，然后滑行，最高车速40km/h，耗时85.7s。

同规格原公交客车进行了相同路段、相同工况的运行。

4）工况4

低速匀速行驶，保持车速30km/h，行程690m，耗时132.9s。

同规格原公交客车进行了相同路段、相同工况的运行。

（2）试验结果及分析

4种工况的试验结果如下。

1）工况1

每小时耗油12.0L，每百公里耗油39.2L。

同等工况下，原车百公里耗油51.6L。

每百公里可节油12.4L，节油率为24.03%。

2）工况2

每小时耗油9.7L，每百公里耗油42.6L。

同等工况下，原车百公里耗油55.8L。

每百公里可节油13.2L，节油率为23.56%。

3）工况 3

每小时耗油 6.6L，每百公里耗油 25.8L。

同等工况下，原车百公里耗油 35.0L。

每百公里可节油 9.2L，节油率为 26.29％。

4）工况 4

每小时耗油 3.85L，每百公里耗油 20.7L。

同等工况下，原车百公里耗油 29.0L。

每百公里可节油 8.3L，节油率为 28.62％。

从上述试验结果可以看出：混合动力公交客车在 4 种工况下都比原车节油 20％以上，在公交工况下节油达到了 26％，节油效果非常显著。

4.2 在机器人移动平台上的应用

移动平台是机器人的载体，目前移动平台通常采用电驱动方式，移动平台操纵、控制性能较好[135-137]，但大多只适用于室内环境工作，普适性较差，且移动速度低，机动越野性及承载牵引能力不足[138,139]。将二次调节静液传动技术应用到机器人移动平台的电液驱动系统中，设计了移动平台二次调节电液驱动系统的 3 种结构，为克服系统的时滞和非线性，设计了基于观察器的 Hamiltonian 泛函法鲁棒控制器，并对系统的控制性能进行了仿真研究。移动平台适合在野外、高速、大负载的工况下工作，大大减少了移动平台的装机功率。

4.2.1 机器人移动平台二次调节电液驱动系统

4.2.1.1 1 个二次元件电液驱动系统

采用 1 个二次元件的二次调节电液驱动系统结构如图 4-38 所示，该系统主要由电机、恒压变量泵、单向阀、溢流阀、蓄能器、减压阀、变量油缸、电液伺服阀、二次元件、转向油缸、比例换向阀等构成，二次元件通过后驱动桥和半轴带动车轮旋转，驱动平台运动。

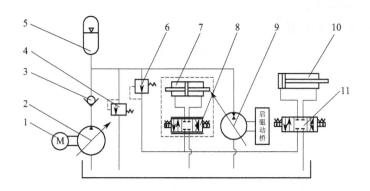

图 4-38 1 个二次元件的二次调节电液驱动系统

1—电机；2—恒压变量泵；3—单向阀；4—溢流阀；5—蓄能器；6—减压阀；7—变量油缸；
8—电液伺服阀；9—二次元件；10—转向油缸；11—比例换向阀

开始工作时，电机驱动变量泵工作向蓄能器充油。当移动平台起动、加速、运动时，控制器发出控制指令给电液伺服阀，控制变量油缸活塞杆的伸缩，调节二次元件过零点处在液压马达工况工作，此时，蓄能器中储存的高压油释放出来，与变量泵共同向二次元件供油，二次元件通过后驱动桥和半轴驱动移动平台运动。

当移动平台开始制动或下长坡道时，控制器发出控制信号给电液伺服阀，控制变量油缸的运动，调节二次元件过零点处在液压泵工况工作，在惯性动能或重力势能的作用下，二次元件输出高压油流向并储存蓄能器中，向系统回馈能量，为下一次移动平台的起动、加速、爬坡运动提供能量。当移动平台速度降到较低值时，控制器发出控制信号调节二次元件处在零点工作，移动平台进行制动。当移动平台需要紧急制动时，不经制动能量和重力势能的回收过程，直接制动。

当移动平台转向时，控制器发出控制指令给比例换向阀，控制转向油缸活塞杆的伸出和缩回，通过平行四边形的转向机构使车轮转动，实现移动平台转向。工作中，通过调节比例换向阀输入电流的方向和大小来控制转向油缸活塞杆的伸、缩长度，从而调节左、右前车轮的转弯方向及转角大小。

4.2.1.2　2 个二次元件电液驱动系统

采用 2 个二次元件的二次调节电液驱动系统结构如图 4-39 所示。该系统主要由电机、变量泵、单向阀、溢流阀、减压阀、蓄能器、变量油缸、电液伺服阀、二次元件、转向油缸、比例换向阀等构成，2个二次元件分别驱动 2 个后轮，带动移动平台运动。

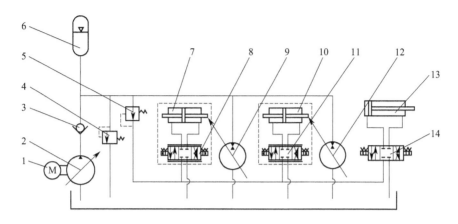

图 4-39 2个二次元件的二次调节电液驱动系统

1—电机；2—变量泵；3—单向阀；4—溢流阀；5—减压阀；6—蓄能器；

7，10—变量油缸；8，11—电液伺服阀；9，12—二次元件；13—转向油缸；14—比例换向阀

开始工作时，电机驱动变量泵工作，向蓄能器充油。当移动平台起动、加速、运动时，控制器发出控制指令给伺服阀 8 和 11，分别控制变量油缸 7 和 10 活塞杆的伸缩，调节二次元件 9 和 12 过零点处在液压马达工况工作，此时蓄能器中储存的高压油释放出来，与变量泵共同向二次元件 9 和 12 过供油，驱动移动平台运动。

当移动平台开始制动或下长坡道时，控制器发出控制信号给电液伺服阀 8 和 11 分别控制变量油缸 7 和 10 活塞杆的伸缩，调节二次元件 9 和 12 过零点处在液压泵工况工作，在惯性动能或重力势能的作用下，二次元件 9 和 12 输出高压油流向并储存蓄能器中，向系统回馈能量，为下一次移动平台的起动、加速、爬坡运动提供能量。当移动平台速度降到较低值时，控制器发出控制信号调节二次元件 9 和 12 处在零点工作，移动平台进行制动。当移动平台需要紧急制动时，不经制动能量和重力势能的回收，直接制动。当移动平台转向时，控制器发出控制指令给比例换向阀，控制转向油缸活塞杆的伸出和缩回，通过平行四边形的转向机构使车轮转动，实现移动平台转向。工作中，通过调节比例换向阀输入电流的方向和大小，来控制转向油缸活塞杆的伸、缩长度，从而调节左、右前车轮的转弯方向及转角大小。

4.2.1.3 4个二次元件电液驱动系统

采用 4 个二次元件的二次调节电液驱动系统结构如图 4-40 所示，该系统主要由电机、变量泵、单向阀、溢流阀、蓄能器、减压阀、左前变量油缸、左前电液伺服阀、左前二次元件、右前变量油缸、右前电液伺服阀、右前二次元件、右后变量油缸、右前电液伺服阀、右后二次元件、左后变量油缸、左后电液伺服阀、左后二次元件等构成，由左前、右前、左后、右后 4 个二次元件分别驱动 4 个后轮带动移动平台运动。

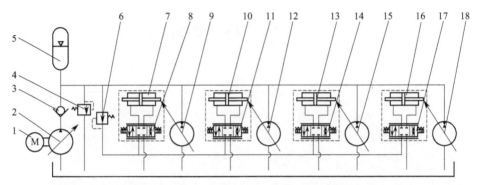

图 4-40 4 个二次元件的二次调节电液驱动系统

1—电机；2—变量泵；3—单向阀；4—溢流阀；5—蓄能阀；6—减压阀；7—左前变量油缸；
8—左前电伺服阀；9—左前二次元件；10—右前二次元件；11—右前电液伺服阀；12—右前二次元件；
13—右后变量油缸；14—右前电液伺服阀；15—右后二次元件；16—左后变量油缸；17—左后电液伺服阀；
18—左后二次元件

开始工作时，电机驱动变量泵工作，向蓄能器充油。当移动平台起动、加速、运动时，控制器发出控制指令给左前伺服阀、右前伺服阀、右后伺服阀、左后伺服阀，分别控制左前变量油缸、右前变量油缸、右后变量油缸、左后变量油缸活塞杆的伸缩，调节左前二次元件、右前二次元件、右后二次元件、左后二次元件过零点处在液压马达工况工作，此时蓄能器中储存的高压油释放出来，与变量泵共同向 4 个二次元件供油，驱动移动平台运动。通过调节 4 个二次元件同时顺时针或逆时针旋转，可使移动平台向前或向后运动。

当控制器发出控制指令给右前伺服阀、右后伺服阀，控制右前变量油缸、右后变量油缸伸缩，增大或减小右前二次元件、右后二次元件的排量，右前车轮、右后车轮的转速就增大或减小，使移动平台向左或向右转向。同样，当控制器发出控制指令给左前伺服阀、左后伺服阀，控制左前变量油缸、左后变量油缸伸缩，增大或减小左前二次元件、左后二次元件的排量，左前车轮、左后车轮的转速就增大或减小，使移动平台向右或向左转向。工作中，通过调节二次元件的排量大小，来调节车轮的转角大小。

当移动平台开始制动或下长坡道时，控制器发出控制信号给 4 个电液伺服阀，分别控制 4 个变量油缸活塞杆的伸缩，调节 4 个二次元件过零点处在液压泵工况工作，在移动平台惯性动能或重力势能的作用下，二次元件输出高压油流向并储存蓄能器中，向系统回馈能量，为下一次移动平台的起动、加速、爬坡运动提供能量。当移动平台速度降到较低值时，控制器发出控制信号调节 4 个二次元件处在零点工作，移动平台进行制动。当移动平台需要紧急制动时，不经制动能量和重力势能的回收过程而直接制动。工作中，可调节二次元件的排量大小来适应移动平台的工况变化。

4.2.2　电液驱动系统的数学模型

以图 4-38 所示的机器人移动平台二次调节电液驱动系统为例，经简化处理后，其双闭环传递函数方框图，如图 4-41 所示。

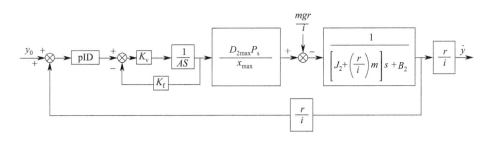

图 4-41　二次调节电液驱动系统速度控制双闭环方框图

从图 4-41 中可以看出，这是一个双输入-单输出系统。该系统的数学模型可用式（3-26）表示。

4.2.3　电液驱动系统的性能仿真

由 3.3.3 部分的研究结果可设计基于 Hamiltonian 泛函法的 H_∞ 控制

器为：

$$\nu = \begin{bmatrix} -ex_1 \\ J(x_2 + kx_3) \end{bmatrix} - 0.5 \left[h^T(x)h(x) + \frac{1}{\gamma^2}I_m \right] g^T(x)x$$

设：$K_v = 4.45 \times 10^{-3}$，$k_{cd} = 0.75$，$K_p = 0.2$，$K_{cs} = 1$，$V_{max} = 6.37 \times 10^{-6}$，$P_0 = 20$，$A = 1.85 \times 10^{-3}$，$y_{max} = 0.015$，$J = 2.27$，$R_N = 500$；$a = 1.8$，$b = 641.5$，$c = 0.44$，$d = 0.0041$，$e = 5000$，$k = 5000$，$h(x) = [1,1]$，$\gamma = 0.5$，这样系统（4-41）的 H_∞ 控制器可简化为：

$$u = \begin{bmatrix} -5000.0185x_1 + 0.02x_3 \\ -0.00205x_1 + 2.27x_2 + 11351.98x_3 \end{bmatrix}$$

设移动平台及作业装置的总质量为 350kg，后桥传动比为 2.55，轮胎气压为 1.8×10^5Pa，工作半径为 0.2m，传动效率为 88%，采用自主研发的双作用叶片式二次元件。不同功率控制下，制动动能回收的速度、扭矩和功率曲线分别如图 4-42～图 4-44 所示；图中实线为制动功率为 0.5kW 时的仿真曲线，虚线 2 为制动功率 1.2 kW 时的仿真曲线。

可以看出：二次元件制动功率为 1.2kW 时，能量回收效率为 19.12%；制动功率为 0.5kW 时，能量回收效率为 6.05%。制动扭矩随着制动功率值的增大而增大，制动时间则越少，制动距离越短，克服行使阻力消耗能量越少，能量回收效率越高；反之，能量回收效率越低。

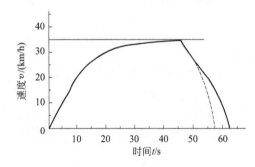

图 4-42　速度仿真曲线　　　　图 4-43　扭矩仿真曲线

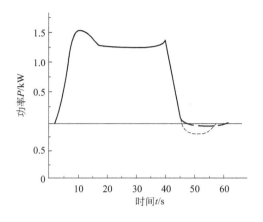

图 4-44 功率仿真曲线

4.3 本章小结

本章所做的主要工作及结论如下。

① 分析了非恒压网络并联式二次调节混合动力公交客车传动系统的结构、工作原理和节能特点，通过仿真和试验研究，证实并联式二次调节混合动力系统能够实现公交客车制动动能和坡道重力能的回收，与原车相比能较大幅度地减小发动机的装机功率。

② 研究了混合动力公交客车传动系统的控制策略，二次元件、液压蓄能器、扭矩耦合器、离合器等主要元件与参数的匹配选择，实现传动系统的合理匹配。

③ 建立了采用双作用叶片式二次元件的混合动力公交客车传动系统的数学模型，及转速控制、转矩控制、功率控制系统的开环和闭环方框图模型，以及系统能量回收效率数学模型等。

④ 对混合动力公交客车传动系统的性能进行了仿真研究，包括转速控制性能仿真、扭矩控制性能仿真和功率控制性能仿真，并对仿真结果进行了分析。

⑤ 在二次调节混合动力传动系统的模拟试验平台上，针对转速控制、

扭矩控制和功率控制 3 种不同控制方式的能量回收过程和效率等问题进行了试验研究。试验结果表明：转速控制可以应用于车辆的正常行驶过程中，但不适用于高速制动工况；恒扭矩控制制动安全可靠，能以最大制动力制动，制动扭矩越大，速度下降越快，能量回收效率越高；恒功率控制制动功率值越大，回收能量越多，能量回收效率也越大，可根据车辆实际工作需要选择不同大小的制动功率。

⑥ 在长江牌 CJ6920G4C10H 客车底盘的基础上进行改装的二次调节混合动力公交客车的实车试验表明：该车在 4 种工况下都比原车节油 20％以上，在公交工况下节油达到了 26％，节油效果非常显著；同时验证了第 3 章能量转换储存关键技术的理论探讨和第 4 章对二次调节混合动力传动系统性能仿真分析的正确性。

⑦ 机器人移动平台二次调节电液驱动系统能回收移动平台和作业装置的制动动能和下长坡道重力势能，在起动、加速、上坡时重新利用，节能环保；功率控制制动时，制动功率越大，能量回收效率越高，功率越小，回收效率越低。基于 Hamiltonian 泛函法的控制，移动平台电液驱动系统响应速度快、跟踪精度高、控制性能好、运行平稳，具有较强的抗干扰能力和良好的鲁棒性，能够满足系统控制需要。

第**5**章

重力势能的回收与再利用

引言

目前，电梯、立体停车库的轿厢、挖掘机挖斗及负载在举升与下降过程中的重力能通常不进行回收和再利用，不仅造成能源的不合理利用，还造成环境污染。为此，设计了挖掘机挖斗二次调节液压举升装置和立体停车库二次调节液压提升系统，来回收和储存挖掘机挖斗及负载、轿厢及车辆在下降过程中的重力能，在挖掘机挖斗及负载、轿厢的上升过程中加以利用，以减少发动机的装机功率，达到节能降耗的目的。

5.1 在挖掘机挖斗举升装置上的应用

首先分析挖掘机挖斗二次调节液压举升装置的结构方案和工作原理，建立了液压举升装置负载举升过程和下降过程的数学模型，并对工作装置的性能进行了仿真分析。

5.1.1 二次调节液压举升装置的结构与节能机理

如图 5-1 所示[113]，液压挖掘机挖斗二次调节液压举升装置由蓄能二次元件、控制组件、电磁换向阀、蓄能组件、限压蓄能组件、平衡阀、负载二次元件、控制组件与液压油缸等构成；负载二次元件与蓄能二次元件同轴刚性联接构成液压变压器，液压变压器与蓄能组件、限压蓄能组件联合应用可进行能量的回收和再利用。

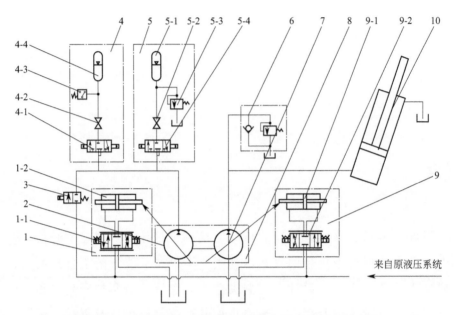

图 5-1 挖掘机挖斗二次调节液压举升装置的液压系统

1—控制组件；1-1—电液伺服阀；1-2—变量油缸；2—蓄能二次元件；3—电磁换向阀；4—蓄能组件；
4-1—控制阀；4-2—截止阀；4-3—压力继电器；4-4—蓄能器；5—限压蓄能组件；5-1—蓄能器；
5-2—截止阀；5-3—安全阀；5-4—控制阀；6—平衡阀；7—负载二次元件；8—液压变压器；
9—控制组件；9-1—变量油缸；9-2—电液伺服阀；10—液压油缸

当挖斗及负载开始提升时，控制器发出指令信号，电磁换向阀切换至左位，挖掘机原液压系统向蓄释能装置充高压油，并与将蓄能二次元件的高压油口与连接在一起。控制器控制电液伺服阀 1-1，使变量油缸 1-2 的活塞移动，旋转蓄能二次元件定子过零点，使其工作"液压马达"工况；同时控制电液伺服阀 9-2，使变量油缸 9-1 的活塞移动，旋转负载二次元件定子过零点，使其工作"液压泵"工况。并调整蓄能液压泵/马达和负载二次元件的定子转角的大小，以适应实际工况需要。然后，调节控制阀 4-1、5-4 切换至右位，释放储存在蓄能组件的蓄能器 4-4 和限压蓄能组件的蓄能器 5-1 中的高压油，驱动处于"液压马达"工况的蓄能二次元件工作，与原液压系统共同驱动处于"液压泵"工况的负载二次元件工作，使油缸活塞向上移动，举起挖斗及负载。当提升重物质量小、速度低时，可释放一个蓄能组件的高压油；当提升重物质量大、速度高时，可同时释放多个蓄能组件和限压蓄能组件的高压油。可见，通过控制蓄能组件和限压蓄能组件，可控制高压油的释放，提高了能量的再利用效率。

当挖斗及负载开始下降时，控制器发出指令信号，电磁换向阀切换至右位，切断挖掘机的原液压系统。控制器控制电液伺服阀 9-2，使变量油缸 9-1 的活塞移动，调节负载二次元件的定子过零点工作在"液压马达"工况，同时控制电液伺服阀 1-1，控制变量油缸 1-2 的活塞移动，调节蓄能二次元件的定子过零点工作在"液压泵"工况。并调整蓄能二次元件和负载二次元件的定子转角的大小，以适应实际工况需要。在挖斗及负载重力的作用下，液压油缸下腔的压力油流向处于"液压马达"工况的负载二次元件，驱动传动轴旋转，由于二者同轴联接，从而带动处于"液压泵"工况的蓄能二次元件旋转，向蓄能组件和限压蓄能组件输出高压油。调节蓄能组件的控制阀切换至左位，高压油首先储存在设定压力最低的蓄能组件蓄能器 4-4 中，当达到压力继电器 4-3 的设定压力时，充油结束。同时调节设定压力较高的另一个蓄能组件控制阀切换至左位，高压油充入该蓄能组件中，达到设定压力时，停止充油。依此工作下去，如果蓄能二次元件输出的高压油达不到蓄能组件限压蓄能组件的设定压力或没有高压油输出时，储油过程结束；如果蓄能二次元件继续输出高压油，就向设定压力更高的蓄能组件或限压蓄能组件充油，直至达到限压蓄能组件安全阀 5-3 的限定压力为止，多余的高压油将从安全阀 5-3 溢流掉。可见，通过对蓄能组件和限压蓄能组件的充油过程进行控制，从而控制了能量的回收过程，确保蓄能器有较高充油压力，提高了能量的再利用效果。

5.1.2 二次调节液压举升装置建模

下面分别对挖斗及负载举升和下降两个过程进行建模[135]。

（1）电液伺服阀数学模型

由于伺服阀固有频率远大于系统频宽，经简化、线性化处理，电液伺服阀数学模型可近似为一个比例环节，同式（4-18）。

（2）挖掘机挖斗举升过程数学模型

1）负载二次元件的排量方程

$$D_1 = \frac{D_{1\max}}{x_{1\max}} x_1 \tag{5-1}$$

式中　D_1，$D_{1\max}$——负载二次元件的实际排量和最大排量；

　　　x_1，$x_{1\max}$——负载二次元件控制油缸的实际位移和最大位移。

2）负载二次元件在"液压泵"工况时的输出流量 q_1 为：

$$q_1 = D_1 n - (C_{ip1} + C_{ep1}) p_1 \tag{5-2}$$

式中　　　n——电动机的转速；

　　　p_1——液压缸有杆腔的压力；

C_{ip1}，C_{ep1}——负载二次元件的内、外泄漏系数。

3）变量油缸的流量连续性方程

$$q_1 = A_c \frac{\mathrm{d}y}{\mathrm{d}t} + C_{tc} p_1 + \frac{V_0}{\beta_e} \frac{\mathrm{d}p_1}{\mathrm{d}t} \tag{5-3}$$

式中　q_1——变量油缸高压腔流量；

　　　p_1——变量油缸有杆腔的压力；

　　　y——变量油缸活塞位移；

　　　C_{tc}——总的泄漏系数；

　　　A_c——变量油缸活塞有效作用面积；

　　　V_0——活塞处在中位时有杆腔的容积；

　　　β_e——油液的体积弹性模量。

$$C_{tc} = C_{ic} + \frac{1}{2} C_{ec}$$

式中　C_{ic}——内部泄漏系数；

　　　C_{ec}——外部泄漏系数。

由式(5-2)和式(5-3) 可得负载二次元件和变量油缸的流量连续性方程为：

$$D_1 n - (C_{ip1} + C_{ep1}) p_1 = A_c \frac{dy}{dt} + C_{tc} p_1 + \frac{V_0}{\beta_e} \frac{dp_1}{dt}$$

整理得：
$$D_1 n = A_c \frac{dy}{dt} + C_{pc} p_1 + \frac{V_0}{\beta_e} \frac{dp_1}{dt} \tag{5-4}$$

式中　C_{pc}——变量油缸到负载二次元件的出油腔的总泄漏系数，$C_{pc} = C_{ip1} + C_{ep1} + C_{tc}$。

4）变量油缸和负载的力平衡方程

$$A_c P_1 = m_1 \frac{d^2 y}{dt^2} + B_c \frac{dy}{dt} + m_1 g + f \tag{5-5}$$

式中　B_c——黏性阻尼系数；

m_1——负载、活塞杆和活塞组件等运动部件的总质量；

f——活塞组件与缸筒、活塞杆与导向套及密封圈之间的摩擦力；

其余符号意义同前。

5）蓄能二次元件排量方程

$$D_2 = \frac{D_{2max}}{x_{2max}} x_2 \tag{5-6}$$

式中　D_2——排量；

D_{2max}——最大排量；

x_2——活塞位移；

x_2，x_{2max}——活塞最大位移。

6）蓄能二次元件工作在"液压马达"工况时的输入流量 q_2

$$q_2 = D_2 n + C_{ta} p_2 + \frac{V_{ta}}{\beta_e} \frac{dp_2}{dt} \tag{5-7}$$

式中　p_2——蓄能器和蓄能二次元件之间油路的压力；

C_{ta}——蓄能二次元件到蓄能器油腔的总内泄漏系数；

V_{ta}——蓄能二次元件到蓄能器油腔的总容积；

其余符号意义同前。

7）蓄能二次元件"液压马达"工况时的输出力矩 T_{ac}

$$T_{ac} = \frac{p_2 q_2}{2\pi \eta_2} \tag{5-8}$$

式中　η_2——蓄能二次元件总效率。

8）蓄能器的方程

流量连续性方程为：

$$q_2 = \frac{\mathrm{d}V_a}{\mathrm{d}t} \tag{5-9}$$

式中　V_a——气囊内气体工作容积。

9）液压蓄能器的力平衡方程

$$(p_a - p_2)A_{ac} = m_{ac}\frac{\mathrm{d}\left(\dfrac{q_2}{A_{ac}}\right)}{\mathrm{d}t} + B\frac{q_2}{A_{ac}} \tag{5-10}$$

式中　A_{ac}——油液腔的横截面积；

　　　　m_{ac}——管道和蓄能器中油液质量；

　　　　p_a——气囊内气体压力；

　　　　B——黏性阻尼系数。

10）负载二次元件在"液压泵"工况时输入扭矩为：

$$T_{cp} = T_{ac} - T_f \tag{5-11}$$

式中　T_f——摩擦力矩。

经 L-S 变换，整理得：系统的开环控制方框图见图 5-2[140]。

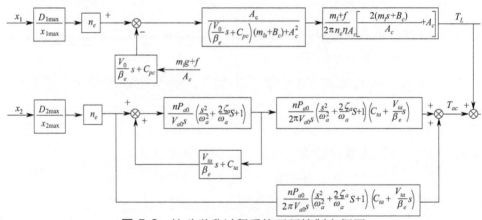

图 5-2　挖斗举升过程系统开环控制方框图

（3）挖掘机挖斗下降过程数学模型

① 液压缸的运动方程为：

$$m_1g = m_1\frac{\mathrm{d}^2y}{\mathrm{d}t^2} + B\frac{\mathrm{d}y}{\mathrm{d}t} + p_1A_c + f \tag{5-12}$$

② 负载二次元件处在"液压马达"工况时的流量连续性方程为：

$$A_c \frac{\mathrm{d}y}{\mathrm{d}t} = D_1 n + C_{tc} p_1 + \frac{V_0}{\beta_e} \frac{\mathrm{d}p_1}{\mathrm{d}t} \qquad (5\text{-}13)$$

③ 负载二次元件处在"液压马达"工况时的输出力矩为：

$$T'_{cp} = \frac{p_1 q_1}{2\pi \eta_1} \qquad (5\text{-}14)$$

式中　η_1——负载二次元件总效率。

④ 蓄能二次元件处在"液压泵"工况时的流量连续性方程：

$$D_2 n = q_2 + C_{ta} p_2 + \frac{V_{ta}}{\beta_e} \frac{\mathrm{d}p_2}{\mathrm{d}t} \qquad (5\text{-}15)$$

⑤ 液压蓄能器的力平衡方程：

$$(p_2 - p_a) A_{ac} = m_{ac} \frac{\mathrm{d}\left(\dfrac{q_2}{A_{ac}}\right)}{\mathrm{d}t} + B \frac{q_2}{A_{ac}} \qquad (5\text{-}16)$$

⑥ 蓄能二次元件处在"液压泵"工况时的输入扭矩：

$$T'_{ac} = T'_{cp} - T_f \qquad (5\text{-}17)$$

蓄能器的流量连续性方程在负载上、下过程相同，不再重复叙述。挖斗下降过程系统开环控制方框图如图 5-3 所示。

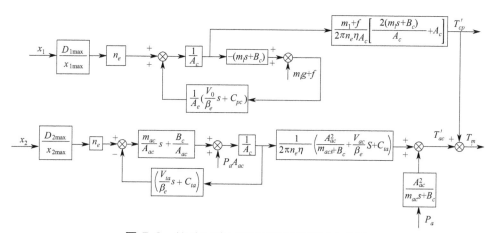

图 5-3　挖斗下降过程系统开环控制方框图

5.1.3　二次调节液压举升装置性能仿真

应用 Matlab simulink 对某型号液压挖掘机进行性能仿真分析。

液压挖掘机主要技术性能参数：工作质量为 7000kg，铲斗容量为 0.3m³，功率为 48kW，转速为 2300r/min，动臂长度为 3500mm，斗杆长度为 2000mm，工作压力为 23MPa。

举升系统主要参数为：蓄能、负载二次元件均采用双作用叶片式二次元件，负载二次元件在"液压马达"工况的排量为 80mL/r，蓄能二次元件处于"液压泵"工况的最大排量为 100mL/r；蓄能器充气压力为 12MPa，容积为 16L。

（1）控制策略

动臂提升时，液压蓄能器释放高压油，与原液压系统共同驱动挖掘机动臂上升。动臂下降时，首先切断蓄能二次元件的高压油口与挖掘机原液压系统的连接，控制器调节蓄能二次元件回收重力能。

控制器采用基于 Hamiltonian 泛函法的 H_∞ 控制器。

（2）性能仿真

选用挖掘机的典型工作循环工况：下降→挖掘→提升→旋转 90°→放铲→旋转回位，循环周期为 20s[141]。

通过仿真，得到液压油缸活塞的位移曲线如图 5-4 所示；负载二次元件的转速曲线如图 5-5 所示；液压蓄能器压力油的压力曲线如图 5-6 所示。

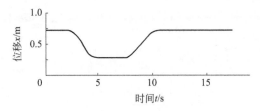

图 5-4　油缸的位移曲线

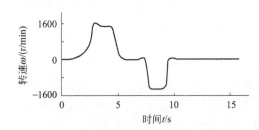

图 5-5　负载二次元件的转速曲线

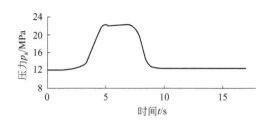

图 5-6 蓄能器的压力曲线

仿真结果分析如下：

① 液压挖掘机动臂下降阶段分为加速、稳定和减速 3 个阶段。在加速阶段，挖掘机二次调节举升装置及负载加速下降，同时驱动处于"液压马达"工况的负载二次元件转动，带动同轴联接的蓄能二次元件工作，向蓄能器充压力油，进行重力能回收。在稳定阶段和减速阶段初期，基于 Hamiltonian 泛函法的 H_∞ 控制器实时调节蓄能二次元件的排量，以适应工况需要，最大限度地回收工作装置及负载的动能和重力能。在减速阶段后期，H_∞ 控制器通过减小蓄能二次元件的排量，实现挖掘机动臂的快速制动。

② 液压挖掘机动臂举升时，蓄能器作为动力源驱动蓄能二次元件加速旋转，通过控制系统实时调节负载二次元件处于"液压泵"工况的排量，使动臂上升。

③ 通过回收液压挖掘机动臂下降阶段的能量，蓄能器压力从 12MPa 上升到 22.6MPa，实现了重力势能的回收；液压蓄能器释放压力油，驱动处于"液压马达"工况的蓄能二次元件旋转，带动处于"液压泵"工况的负载二次元件工作，使液压挖掘机动臂上升，实现回收能量的重新利用。

5.2 在立体停车库提升系统上的应用

首先分析立体停车库的二次调节液压提升系统的结构方案和工作原

理，建立了系统的提升过程和下降过程的数学模型，并对系统的性能进行了仿真研究。二次调节静液传动技术能够回收和重新利用系统的制动动能和重力势能，从而节约了能源，减小了系统的装机容量。

5.2.1 二次调节液压提升系统的结构与节能机理

立体车库二次调节液压提升系统的结构如图 5-7 所示，原理如图 5-8 所示，主要由吊笼、配重、滑轮组、钢丝绳、液压蓄能器、电动机、恒压变量泵、二次元件、轮盘、减速器、电液伺服（比例）阀、控制器、安全阀、变量油缸、转速传感器等组成。为减少系统中泵、二次元件等的设计功率，在立体车库提升系统中设置配重。

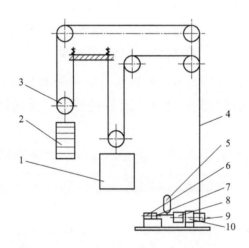

图 5-7 立体车库提升系统的结构示意

1—吊笼；2—配重；3—滑轮组；4—钢丝绳；5—液压蓄能器；
6—电动机；7—恒压变量泵；8—二次元件；9—轮盘；10—减速器

恒压变量泵、液压蓄能器、安全阀等构成恒压油源，二次元件与恒压网络相连，经减速器带动轮盘转动。

取车上升过程，控制器发出指令给电液伺服阀，通过变量油缸，调节二次元件斜盘摆动方向，使其工作在马达工况，由恒压变量泵和液压蓄能器共同提供能量，二次元件输出功率提起吊笼。此工况下二次元件工作于第Ⅰ象限，有：$q_2 > 0$；$V_2 > 0$；$T > 0$；$\omega > 0$；$P > 0$。工作过程中二次元件转速的变化，由与二次元件转轴相连的转速传感器测出并传送给控制

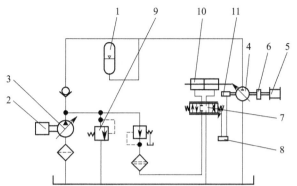

图 5-8　立体车库提升系统二次调节静液传动系统原理

1—液压蓄能器；2—电动机；3—恒压变量泵；4—二次元件；5—轮盘；6—减速器；
7—电液伺服（比例）阀；8—控制器；9—安全阀；10—变量油缸；11—转速传感器

器，控制器根据一定的控制方法而产生的控制信号传给电液伺服（比例）阀，再控制变量油缸移动，用来改变二次元件的斜盘倾角，进而改变二次元件的排量，使系统稳定地工作在设定状态［这个平衡状态可产生于任何的设定转速，通过改变电液伺服（比例）阀的控制信号，可以使二次元件实现无级调速］。上升过程末期，提升系统开始制动，调节二次元件斜盘过零点，使其工作在泵工况，回收系统的制动动能，储存在液压蓄能器中。此工况下二次元件工作于第Ⅱ象限，有：$q_2 < 0$；$T < 0$；$V_2 < 0$；$\omega > 0$；$P < 0$。取车下降过程，在重力矩作用下，二次元件反转，继续工作在泵工况，回收吊笼和汽车的重力势能，并起制动作用，回收的能量储存在液压蓄能器中，以供提升时需要。此工况下二次元件工作于第Ⅳ象限，有：$q_2 < 0$；$T > 0$；$V_2 > 0$；$\omega < 0$；$P < 0$。下降过程中，通过调节二次元件的排量，使系统按设定状态稳定地工作。下降过程末期，提升系统开始制动，二次元件继续以泵工况工作，回收系统的制动动能，储存在液压蓄能器中。此工况下二次元件仍工作于第Ⅳ象限，有：$q_2 < 0$；$T > 0$；$V_2 > 0$；$\omega < 0$；$P < 0$。

存车上升过程，控制器发出指令给电液（比例）伺服阀，通过变量油缸调节二次元件斜盘摆动方向过零点，使其工作在马达工况（第Ⅰ象限），由恒压变量泵和蓄能器共同提供动力，驱动二次元件输出功率，提起吊笼。上升过程中，通过调节二次元件的排量，使系统按设定状态稳定地工作。上升过程末期，提升系统开始制动，调节二次元件斜盘过零点，使其工作在泵工况（第Ⅱ象限），回收系统的制动动能，储存在液压蓄能器中。

存车下降过程，在重力矩作用下，二次元件反转，继续工作在泵工况（第Ⅳ象限）工作，回收吊笼的重力势能，并起制动作用。下降过程中，通过调节二次元件的排量，使系统按设定状态稳定地工作。下降过程末期，提升系统开始制动，二次元件继续以泵工况（第Ⅳ象限）工作，回收系统的制动动能，储存在液压蓄能器中。

可见，二次元件回收系统上升过程的制动动能时，斜盘需过零点。回收系统下降过程的制动动能时，斜盘需过零点；回收系统下降过程的重力能时，斜盘不需过零点。

从立体车库提升系统的工作过程可以看出，二次元件回收能量发生在3个阶段：

① 上升过程末期，二次元件回收系统的制动动能；

② 在下降过程中，二次元件回收系统的重力能；

③ 下降过程末期，二次元件回收系统的制动动能。

立体车库存取车的基本过程框图如图 5-9 所示。

对于立体车库提升系统来说，要保证其安全运行，必须使负载按给定速度曲线运行（见图 5-10），并且应有良好的控制精度。二次调节静液传动系统可通过转速、位置和转矩等的复合控制实现上述要求，且控制参数少，易于实现。

图 5-10 中，$OABC$ 段和 $DEFG$ 段分别代表提升及下降过程。提升负载速度曲线中的 BC 段，回收制动动能；在下放负载过程（$DEFG$ 段），回收重力势能，FG 段，回收制动动能。

从速度设定图可以看出，轿箱必须按给定的速度运行，因此，二次元件输出轴转速也是按确定的规律变化，二次元件回收系统的制动动能采用转速控制方式，回收系统的重力能采用恒转速控制方式。

5.2.2 二次调节液压提升系统建模

根据二次调节提升系统的结构形式，在分别建立电液伺服（比例）阀及二次调节提升系统各部分数学模型的基础上，得出其速度控制系统闭环方框图。

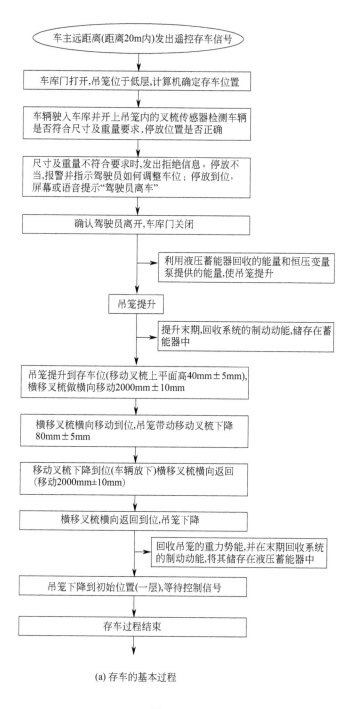

車主遠距離(距離20m内)發出遥控存車信號

車庫門打開,吊笼位于低層,計算機確定存車位置

車輛駛入車庫并開上吊笼内的叉梳傳感器檢測車輛是否符合尺寸及重量要求,停放位置是否正確

尺寸及重量不符合要求時,發出拒絕信息。停放不當,報警并指示駕駛員如何調整車位;停放到位,屏幕或語音提示"駕駛員離車"

確認駕駛員離開,車庫門關閉

利用液壓蓄能器回收的能量和恒壓變量泵提供的能量,使吊笼提升

吊笼提升

提升末期,回收系統的制動動能,儲存在蓄能器中

吊笼提升到存車位(移動叉梳上平面高40mm±5mm),横移叉梳做横向移動2000mm±10mm

横移叉梳横向移動到位,吊笼帶動移動叉梳下降80mm±5mm

移動叉梳下降到位(車輛放下)横移叉梳横向返回(移動2000mm±10mm)

横移叉梳横向返回到位,吊笼下降

回收吊笼的重力勢能,并在末期回收系統的制動動能,將其儲存在液壓蓄能器中

吊笼下降到初始位置(一層),等待控制信號

存車過程結束

(a) 存車的基本過程

图 5-9

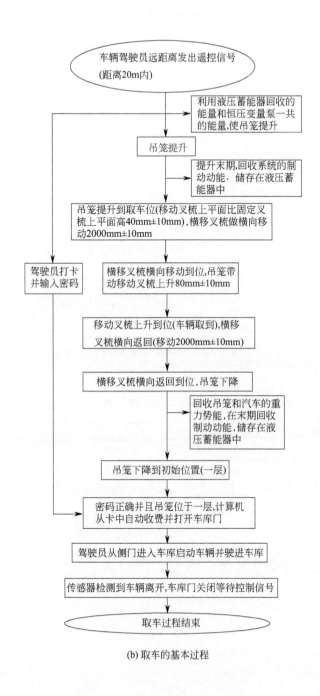

(b) 取车的基本过程

图 5-9 存取车的基本过程框图

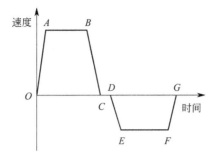

(a) 取车过程吊笼的速度设定

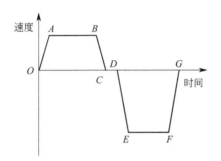

(b) 存车过程吊笼的速度设定

图 5-10 提升系统的设定速度

（1）电液伺服阀数学模型

由于伺服阀固有频率远大于系统频宽，经简化、线性化处理，电液伺服阀数学模型可近似为一个比例环节［同式（5-2）］。

（2）二次元件数学模型

1）变量油缸的流量连续性方程

$$q = A\frac{\mathrm{d}x}{\mathrm{d}t} + C_t p + \frac{V_t}{4\beta_e}\frac{\mathrm{d}p}{\mathrm{d}t}$$

$$C_t = C_i + \frac{1}{2}C_e \tag{5-18}$$

式中　q——进入变量油缸高压腔流量；

A——变量油缸活塞有效作用面积；

x——变量油缸活塞位移；

C_t——变量油缸总的泄漏系数；

C_i——变量油缸内部泄漏系数；

C_e——变量油缸外部泄漏系数；

p——变量油缸高压腔与低压腔之间的压差；

V_t——变量油缸两腔的总容积；

β_e——油液的体积弹性模量。

2）变量油缸和负载的力平衡方程

$$Ap = m_1 \frac{d^2 x}{dt^2} + B_1 \frac{dx}{dt} + K_1 x + F_f \tag{5-19}$$

式中　m_1——变量油缸活塞部分运动部件总质量；

B_1——变量油缸黏性阻尼系数；

K_1——变量油缸对中弹簧的弹簧刚度；

F_f——变量油缸活塞所受外阻力。

3）二次元件排量

$$D_2 = \frac{D_{2\max}}{x_{\max}} x \tag{5-20}$$

式中　D_2——二次元件排量；

$D_{2\max}$——二次元件最大排量；

$x_{\max}$——变量油缸最大位移量。

式（5-20）还可表示为：

$$D_2 = \frac{D_{2\max}}{\alpha_{\max}} \alpha \tag{5-21}$$

式中　$\alpha_{\max}$——二次元件斜盘最大倾角；

α——二次元件斜盘倾角。

4）二次元件和负载的力矩平衡方程

$$p_s D_2 = J_2 \frac{d^2 \theta}{dt^2} + B_2 \frac{d\theta}{dt} + T_f \tag{5-22}$$

式中　p_s——系统压力；

J_2——二次元件转动部件的转动惯量；

θ——二次元件转角；

B_2——二次元件黏性阻尼系数；

T_f——二次元件所受外负载力矩。

（3）提升系统数学模型

1）提升系统的力平衡方程

$$F_s = m \frac{\mathrm{d}^2 y}{\mathrm{d}t^2} + mg \qquad (5\text{-}23)$$

式中 F_s——滑轮对轿箱的提升力，$F_s = 2F$；

F——钢丝绳张力；

m——轿箱与配重平衡后的质量；

y——轿箱的位移。

2）提升系统二次元件负载力矩方程

$$T_f = \frac{r}{i} F \qquad (5\text{-}24)$$

式中 i——曳引机减速器传动比；

r——曳引机轮盘半径。

3）轿箱的位移方程

根据轿箱位移与二次元件转速之间的关系可以得出轿箱的位移方程：

$$y = \frac{r}{i} \theta \qquad (5\text{-}25)$$

（4）提升系统转速反馈闭环模型

将式（5-2）、式（5-18）～式（5-25）经拉普拉斯变换，并简化、合并处理，可得转速反馈闭环方框图，如图 5-11 所示。

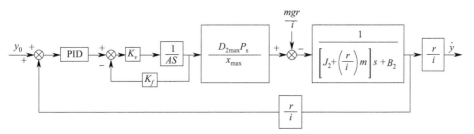

图 5-11　提升系统转速双反馈闭环方框图

5.2.3　二次调节液压提升装置性能仿真

根据提升系统转速反馈闭环方框图，以某一车位的取车过程为例，对转速控制节能制动和恒转速控制回收重力能系统的性能进行仿真分析。控制器采用基于 Hamiltonian 泛函法的 H_∞ 控制器。

仿真条件如下。

① 轿箱与配重平衡后的重量约为 240kg，车重约为 1600kg。

② 二次元件型号：A4V125。

③ 二次元件参数：公称压力为 40MPa，最高压力为 45MPa，最大排量为 $1.25 \times 10^{-4} m^3/r$，最高转速为 2600r/min，斜盘最大摆角为 $\pm 31°$。

④ 减速器传动比为 24；轮盘半径为 0.25m；减速器机械传动效率为 97%。

(1) 取车上升过程系统

采用转速控制节能制动，就是在提升传动系统的二次元件转速控制闭环系统中输入一个值为零的指令信号，所产生的制动过程。可得取车上升过程速度控制节能制动的速度、扭矩和功率仿真曲线分别如图 5-12～图 5-14 所示。

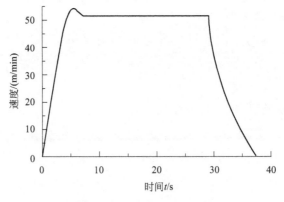

图 5-12　速度仿真曲线

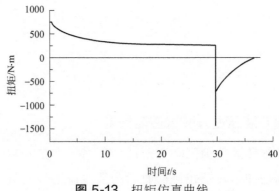

图 5-13　扭矩仿真曲线

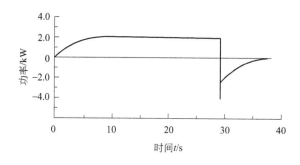

图 5-14 功率仿真曲线

由转速节能制动的仿真过程可见，转速控制节能制动时，二次元件首先由液压马达工况下的第Ⅰ象限，进入第Ⅱ象限的液压泵工况，在该工况下向系统回馈能量；随着制动过程的继续和二次元件转速的下降，二次元件向系统回馈的能量越来越少。

通过速度、扭矩和功率的仿真曲线可以看出，取车上升过程转速控制节能制动具有以下特点：

① 制动初期，轿箱速度迅速下降，制动扭矩、回收功率出现峰值。

② 随着轿箱速度的减小，速度下降的幅度也减小，同时制动扭矩也减小，轿箱缓慢制动直到停止。

③ 由仿真数据计算可得上升过程节能制动能量回收效率为 43.83%。

（2）取车下降过程

下降过程采用恒转速控制回收系统的重力能和速度控制进行节能制动。恒转速控制回收系统的重力能是指保持轿箱以恒定的速度运行，来回收重力能的工作过程。下降过程末期采用转速控制节能制动，过程同上升过程末期。

下降过程初期，二次元件反转，斜盘过零点，以泵工况工作于第Ⅳ象限，回收轿箱和汽车的重力势能；下降过程末期，斜盘不需过零点，二次元件继续以泵工况工作于第Ⅳ象限，回收系统的制动动能。可得下降过程恒转速控制回收系统重力能及速度控制节能制动的速度、扭矩和功率仿真曲线分别如图 5-15～图 5-17 所示。

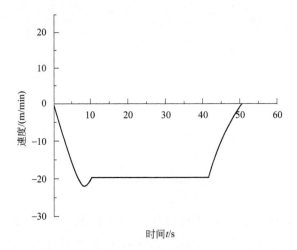

图 5-15　速度仿真曲线

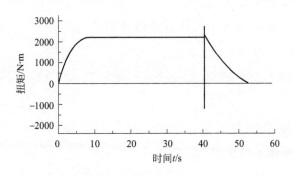

图 5-16　扭矩仿真曲线

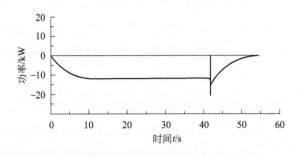

图 5-17　功率仿真曲线

通过仿真得到的速度、扭矩和功率的仿真曲线，可以看出恒转速控制回收系统的重力能具有以下特点：

① 系统能够在轿箱下降速度恒定的情况下，回收系统的重力能。

② 整个下降过程中，二次元件一直工作在第Ⅳ象限，回收系统重力能和制动动能，二次元件的扭矩为阻力矩，起制动作用。

③ 由仿真数据计算可得下降过程重力能的回收效率为57.85%，下降过程节能制动能量回收效率为46.48%。

下降过程转速控制节能制动的特点同取车上升过程转速控制节能制动基本相同，由于下降过程系统既回收重力能，也回收制动动能，因此下降过程系统回收的总能量大于上升过程回收的节能制动能量。

5.3 本章小结

本章所做的主要工作及结论如下。

① 分析了采用两个双作用叶片式二次元件的挖掘机挖斗二次调节液压举升装置的结构与工作原理，建立了二次调节液压举升装置上升和下降过程的数学模型，并进行了性能仿真研究，挖掘机挖斗二次调节液压举升装置可实现负载重力势能的回收和重新利用。

② 将二次调节静液传动技术应用于立体车库提升系统中，可采用转速控制的方式回收系统的制动动能，采用恒转速控制的方式回收系统的重力能，减小系统的设计功率，具有明显的节能效果。

③ 上升过程回收系统的制动动能，二次元件的斜盘需过零点；下降过程回收系统的重力能，二次元件的斜盘需过零点，回收系统的制动动能斜盘不需过零点。

④ 下降过程节能制动能量回收率大于上升过程节能制动能量回收效率。下降过程系统回收的总能量大于上升过程回收的能量。

第**6**章

总结与展望

6.1 主要研究工作和结论

由于叶片式二次元件的控制特性好和四象限工作突出的优点，以及叶片式液压变压器与蓄能器联合使用，都具有能量回收和重新利用的功能，受到人们的广泛关注和重视。本书研究的非恒压网络二次调节静液传动系统节流损失小、工作压力调节范围广，提高了系统工作效，是对二次调节压力耦联系统的扩展和补充。

本书针对恒压网络中压力变化小，限制了能量的回收和再利用等问题，针对基于恒压网络中二次调节静液传动系统存在的不足，提出了一种基于非恒压网络的二次调节系统；通过理论分析、仿真和试验研究了其理论基础与关键技术，主要对叶片式二次元件与液压变压器的结构、参数、性能，新型蓄释能装置的结构方案及主要技术参数，智能控制策略、算法与控制器设计，及其应用性能进行了研究；研制了单、双作用叶片式二次元件和液压变压器，及应用双作用叶片式二次元件和新型蓄释能装置的并联式二次调节静液传动系统的混合动力公交客车样机；利用搭建的二次调节静液传动系统的模拟试验平台验证了理论分析的正确性，取得了一些有价值的成果和进展。现将主要的研究工作和结论总结如下。

① 分析了非恒压网络与恒压网络二次调节系统的异同，非恒压网络

二次调节系统属于流量耦联的液压系统，适用于单个负载或并联多相同工况的负载工况；而基于压力耦联的恒压网络二次调节静液传动系统则更适合于并联多不同工况负载。探讨了非恒压网络二次调节静液传动系统的节能原理和节能特性。

② 对单、双作用叶片式二次元件与液压变压器的结构、参数、性能特点等进行了理论分析和仿真研究，设计了单、双作用叶片式二次元件与液压变压器的几种变量（变压）装置，并设计了单、双作用叶片式二次元件与液压变压器的整体结构，研制了单、双作用叶片式二次元件，并对单、双作用叶片式二次元件的转速转矩特性和流量特性进行了仿真研究。研究表明：双作用、单作用叶片式二次元件都具有较好的转矩和转速控制性能。双作用叶片式二次元件叶片数为奇数时的瞬时流量脉动比叶片数为偶数时的瞬时流量脉动大大减小，随着叶片数的增加，双作用叶片式二次元件瞬时流量脉动减小，因此双作用叶片式二次元件叶片数应为奇数。在超过某一压力时，单作用叶片式二次元件的流量随着压力的增高急剧减少。

③ 研究了蓄能控制系统的结构方案，设计了新型蓄释能装置，新型蓄释能装置由两个及两个以上的蓄能回路构成，每个蓄能回路都是可控的。理论研究了蓄释能装置的主要技术参数，蓄释能装置的最低工作压力应略低于系统的工作压力；蓄能器最高工作压力应不高于系统各元件许用的最高工作压力；各蓄能组件的工作压力范围由系统的最高工作压力、最低工作压力及蓄能组件的个数 z 决定；蓄释能装置的总容积由回收能量最大值确定；各蓄能组件中蓄能器的容积由蓄释能装置总容积及蓄能组件的个数决定。二次调节系统的性能仿真研究表明：蓄能器容量一定，充气压力越大，回收相同能量，系统工作压力变化越小；在液压蓄能器充气压力一定的情况下，蓄能器容量越大，回收同样能量，系统工作压力变化就越小，能量回收能力越强；蓄能器最高工作压力越高，储存能量的利用效果越好；为减小系统工作压力变化，液压蓄能器的容量和充气压力应选取较大值。

④ 根据二次调节静液传动系统实时控制的要求，将神经网络、模糊控制以及专家控制进行复合，设计了双作用叶片式二次元件及其应

用系统的智能复合控制策略、算法与控制器。并将智能复合控制应用到公交客车并联式二次调节混合动力传动系统中，进行了性能试验研究。系统在智能复合控制下，启动快，无超调，静态误差小，抗随机扰动强，跟踪性能强，响应速度快，满足二次调节静液传动系统的要求。

⑤ 构建了二次调节转速控制系统的 Hamiltonian 形式，设计了基于 Hamiltonian 泛函法的 H_∞ 控制器，并将 H_∞ 控制器应用到公交客车并联式二次调节混合动力传动系统、机器人移动平台二次调节电液驱动系统、挖掘机挖斗二次调节液压举升装置和立体停车库二次调节液压提升系统中，进行了性能仿真研究。系统的动态特性明显得到了改进，而且在该控制器的控制下，系统具有较强的抗干扰能力和良好的鲁棒性。在 Hamiltonian 泛函法控制下，系统无超调，响应速度快，静态误差小。

⑥ 将上述关键技术应用到公交客车中，设计开发了公交客车并联式二次调节混合动力传动系统，研究了混合动力传动系统的控制策略、系统主要元件及参数匹配；建立了传动系统各元件的数学建模及系统的开环模型、闭环模型；对公交客车并联式二次调节混合动力性能进行了转速控制、扭矩控制、功率控制的仿真分析。探索了公交客车制动能量回收、转换储存和再利用规律。扭矩控制车辆制动动能回收效率最大，制动时间最短；转速控制车辆制动动能回收效率次之；功率控制车辆制动动能回收效率最小，制动时间最长。在二次调节静液传动系统的性能实验平台上，分别采用转速控制、扭矩控制、功率控制对公交客车并联式二次调节混合动力传动系统的性能进行了模拟实验，实验结果较好地验证了仿真结果，及在非恒压网络中，并联式二次调节静液传动系统能够实现车辆制动动能的回收与再利用。设计了 3 种机器人移动平台二次调节电液驱动系统，并进行了性能仿真研究。

⑦ 将上述关键技术应用到挖掘机和立体停车库中，设计了挖掘机挖斗二次调节液压举升装置和立体停车库二次调节液压提升系统的结构，分析了其工作过程，探讨了其节能机理，建立了液压举升装置和提升系统上升和下降过程的数学模型，并对其工作性能进行了仿真研究。

6.2 创新点

本书针对非恒压网络二次调节静液传动系统的关键技术和应用性能进行了深入研究，主要创新点如下。

① 提出了通过旋转双作用叶片式二次元件、液压变压器的定子，调节定子与配流盘的位置关系，使得由转子、定子、叶片及配流盘构成的两个封闭区域的容积不断变化，从而改变进、排油窗口的位置和大小，引起流量大小和油流方向发生改变，实现变量、变压。提出了通过调节单作用叶片式二次元件、液压变压器定子的位置，来控制转子和定子偏心距的大小和方向，使得由定子、转子、叶片及配流盘组成的封闭区域容积的不断变化，引起流量大小和油流方向的改变，实现变量、变压。

提出了双作用叶片式二次元件和液压变压器的电控、液控与机控 3 种变量、变压方法及装置；提出了单作用叶片式二次元件、液压变压器的液控与机控两种变量、变压方法及装置。提出了双作用、单作用叶片式二次元件都具有较好的转矩和转速控制性能。双作用叶片式二次元件叶片数为奇数时的瞬时流量脉动比叶片数为偶数时的瞬时流量脉动大大减小，随着叶片数的增加，双作用叶片式二次元件瞬时流量脉动减小，从而减小液压系统的振动和噪声。

② 提出了一种适应于非恒压网络中二次调节静液传动系统的蓄释能控制方法及其控制装置，该装置由多个蓄释能回路构成的，每个蓄释能回路都是可控的。通过对蓄释能装置中蓄能器的充、放油过程进行控制，实现对能量回收和再利用过程的控制，提高了非恒压网络二次调节系统能量的再利用效果和效率。

③ 将 Hamiltonian 泛函法的应用拓展到二次调节静液传动系统中，构建了二次调节静液传动系统的 Hamiltonian 形式，设计了基于 Hamiltonian 泛函法的二次调节静液传动系统的 H_∞ 控制器。通过 Hamiltonian 泛函法，系统的动态特性明显得到了改善，具有较强的抗干扰能力和良好的鲁棒性，系统无超调，响应速度快，静态误差小。

④ 设计研制了应用双作用叶片式二次元件和新型蓄释能装置的并联式二次调节静液传动系统的结构，并应用于混合动力公交客车传动系统中。通过试验验证了在非恒压网络中，并联式二次调节静液传动系统能够实现车辆制动动能的回收与再利用，4 种工况的实车运行证明节油率均超过 20%；同时减小了混合动力公交客车的发动机功率，为系统的工程应用提供了理论依据。

6.3　研究展望

非恒压网络二次调节静液传动系统的关键技术和应用领域还存在许多值得进一步研究的内容，主要包括以下几个方面。

① 研制开发具有自主知识产权的单、双作用叶片式二次元件与液压变压器，并实现产业化生产，为二次调节静液传动系统在工程上的广泛应用奠定基础。

② 进一步研究了蓄释能装置中各蓄能组件的工作压力与容积分配及控制策略，实现工作压力的最优控制，最大限度地实现能量回收储存和释放利用。

③ 开展对系统变负载工况的深入研究，进行元件参数的优化匹配，更好地实现系统的功率匹配。

④ 研制开发并联式二次调节混合动力公交客车，开展整车能量管理策略的研究及能量再利用方面进行发动机控制方面的理论和试验研究，解决噪声、泄漏及能量转换效率低等问题，促进二次调节混合动力公交客车的早日产业化。

附　录

<hr/>

附录1　汽车燃料消耗量试验方法

第 1 部分: 乘用车燃料消耗量试验方法 （GB/T 12545.1—2008）

1　范围

　　GB/T 12545 的本部分规定了乘用车的燃料消耗量试验方法。

　　本部分适用于最大设计总质量不超过 3.5t 的 M_1 和 N_1 类车辆。

2　规范性引用文件

　　下列文件中的条款通过 GB/T 12545 的本部分的引用而成为本部分的条款。凡是注日期的引用文件，其随后所有的修改单（不包括勘误的内容）或修订版均不适用于本部分，然而，鼓励根据本部分达成协议的各方研究是否可使用这些文件的最新版本。凡是不注日期的引用文件，其最新版本适用于本部分。

　　GB 18352.3—2005　轻型汽车污染物排放限值及测量方法（中国Ⅲ、Ⅳ阶段）

　　GB/T 19233—2008　轻型汽车燃料消耗量试验方法（ECE R101-00，NEQ）

　　GB/T 15089　机动车辆及挂车分类（GB/T 15089—2001，eqv ECE R.E.3：1997）

3　试验项目

3.1　GB 18352.3 规定的工况循环燃料消耗量试验。

3.2 90km/h 等速行驶燃料消耗量试验。

3.3 120km/h 等速行驶燃料消耗量试验。对最高车速达不到 120km/h 的车辆，应参照相关条款以最高车速等速行驶进行试验。

4 试验条件

4.1 试验车辆

4.1.1 试验车辆在进行 3.1 规定试验时不需要磨合。在进行 3.2、3.3 规定试验前应进行磨合，磨合至少应行驶 3000km。

4.1.2 应根据制造厂规定调整发动机和车辆操纵件。特别应调整怠速装置（调整转速和排气中 CO 含量）、起动装置和排气净化系统。

4.1.3 为避免因偶然进气而影响混合气的形成，应检查试验车辆进气系统的密封性。

4.1.4 试验车辆的性能应符合制造厂规定，应能正常行驶，并顺利地冷、热起动。

4.1.5 试验前，试验车辆应放在环境温度为 20～30℃ 的环境下，至少保持 6h，直至发动机机油温度和冷却液温度达到该环境温度 ±2℃ 为止。车辆应在常温下运行之后的 30h 之内进行试验。

4.1.6 试验车辆必须清洁，车窗和通风口应关闭；只能使用车辆行驶必需的设备。如果有手控进气预热装置，应处于制造厂根据进行试验时的环境温度规定的位置。

4.1.7 如果试验车辆的冷却风扇为温控型，应使其保证正常的工作状态。乘客舱空调系统关闭，但其压缩机应处于正常工作状态。

4.1.8 试验车辆如果装有增压器，试验时增压器应处于正常工作状态。

4.1.9 如果四轮驱动的试验车辆，只使用同轴两轮驱动进行试验，应在试验报告中注明。

4.2 润滑油

试验车辆应使用制造厂规定的润滑油，并在试验报告中注明。

4.3 轮胎

轮胎应选用制造厂作为原配件所要求的类型，并按制造厂推荐的轮胎最大试验负荷和最高试验速度对应的轮胎充气压力进行充气。轮胎可与车辆同时磨合或者花纹深度应在初始花纹深度的 50%～90% 之间。

4.4 试验燃料

试验燃料应符合车辆制造厂规定。

4.5 燃料消耗量的测量条件

4.5.1 距离的测量准确度应为0.3%，时间的测量准确度应为0.2s。燃料消耗量、行驶距离和时间的测量装置应同步起动。

4.5.2 燃料通过一个精度为±2%的能测量质量的装置供给发动机，该装置使车辆上的燃料记录装置进口处的燃料压力和温度的改变分别不应超过10%和±5℃。如果选用容积法测量时，应记录测量点的燃油温度。

4.5.3 也可设置一套阀门系统以保证燃油从正常的供油管路迅速流入测量管路。改变燃油方向的操作时间不应超过0.2s。

4.6 标准条件

大气压力：$H_0 = 100\text{kPa}$；

温度：$T_0 = 293\text{K}$（20℃）。

4.6.1 空气密度

a）空气密度的计算公式：

$$d_T = d_0 \times \frac{H_T}{H_0} \times \frac{T_0}{T_T} \tag{1}$$

式中 d_T——试验条件下的空气密度；

d_0——标准条件下的空气密度；

H_T——试验期间的大气压力；

T_T——试验期间的绝对温度，K。

b）按上式计算的试验时的空气密度与标准条件下的空气密度之差不应大于7.5%。

4.6.2 环境条件

环境温度应在5℃（278K）和35℃（308K）之间，大气压力应在91kPa和104kPa之间。相对湿度应小于95%。如果制造厂允许，可在最低到1℃的环境温度下进行试验，此时应采用6.2.8.1规定的5℃的温度校正系数。

4.7 燃料消耗量的计算

4.7.1 采用重量法确定燃料消耗量 C

$$C = \frac{M}{DS_g} \times 100 \quad (\text{L}/100\text{km}) \tag{2}$$

式中 S_g——标准温度 20℃ (293K) 下的燃料密度，kg/dm^3；

D——试验期间的实际行驶距离，km；

M——燃料消耗量测量值，kg。

4.7.2 采用容积法确定燃料消耗量 C

$$C = \frac{V[1 + \alpha(T_0 - T_F)]}{D} \times 100 \quad (\text{L}/100\text{km}) \tag{3}$$

式中 V——燃料消耗量（体积）测量值，L；

α——燃料容积膨胀系数，燃料为汽油和柴油时，该系数为 $0.001℃^{-1}$；

T_0——标准温度 20℃ (293K)；

T_F——燃料平均温度，即每次试验开始和结束时，在容积测量装置上读取的燃料温度的算术平均值，℃。

5 GB 18352.3—2005 工况循环综合燃料消耗量试验和计算

5.1 试验循环如 GB 18352.3—2005 附件 CA 所述，包括 1 部（市区行驶）和 2 部（市郊行驶）两部分。此附件中所有运行规定均适用于 CO_2、CO 和 HC 的测量。

如果车辆不能达到试验循环要求的加速和最大车速值，则应将加速踏板踏到底，直至回到要求的运行曲线。偏离试验循环的情况应在试验报告中记载。

5.2 测功机设定

按 GB 18352.3—2005 附录 C 的规定，进行测功机的载荷和惯量的设定。型式试验时，应按 GB 18352.3—2005 中 CC.5.1 的规定确定车辆的行驶阻力。如行驶阻力曲线由车辆制造厂提供，需要同时提供试验报告、计算报告或其他相关资料，并由检验机构确认。如车辆制造厂提出要求，行驶阻力可按 GB 18352.3—2005 中表 CB1 选定。

仲裁试验时，应按 GB 18352.3—2005 中 CC.5.1 规定确定车辆的行驶阻力。

5.3 HC、CO、CO_2 燃料消耗量和调整燃料消耗量的计算

5.3.1 一般条款

5.3.1.1 气态污染物排放量用下式进行计算

$$M_i = \frac{V_{\text{mix}} Q_i C_i \times 10^{-6}}{d} \tag{4}$$

式中 M_i——污染物 i 的排放量，g/km；

      V_{mix}——校正至标准状态（273.2K 和 101.33kPa）的稀释排气体积，L/试验；

      Q_i——标准状态（273.2K 和 101.33kPa）下污染物 i 的密度，g/L；

      C_i——稀释排气中污染物 i 的浓度，并按稀释空气中污染物 i 的含量进行校正，ppm❶ 或体积分数%，如 C_i 用体积百分数表示，则系数 10^{-6} 由 10^{-2} 替代；

      d——试验循环期间的行驶距离，km。

5.3.1.2 容积测定

5.3.1.2.1 当使用孔板或文丘里管控制恒定流量的变稀释度装置计算容积时，连续记录显示容积流量的参数，并计算试验期间的总容积。

5.3.1.2.2 当使用容积泵计算容积时，用下式计算包括容积泵的系统内的稀释排气容积：

$$V = V_0 N \tag{5}$$

式中 V——稀释排气容积（校正前），L/试验；

    V_0——试验条件下容积泵送出的气体容积，L/r；

    N——每次试验的转数，r。

5.3.1.2.3 将稀释排气容积校正至标准状态。用下式校正稀释排气容积：

$$V_{\text{mix}} = V K_1 \times \frac{P_p}{T_p} \tag{6}$$

$$K_1 = \frac{273.2}{101.33} = 2.6961 \quad (\text{K/kPa}) \tag{7}$$

式中 P_p——容积泵进口处的绝对压力，kPa；

    T_p——试验期间进入容积泵的稀释排气的平均温度，K。

5.3.1.3 计算取样袋中污染物的校正浓度

---

❶ ppm 是 10^{-6} 体积比，以下同。

$$C_i = C_e - C_d\left(1 - \frac{1}{DF}\right) \tag{8}$$

式中　C_i——经稀释空气中污染物 i 含量校正后稀释排气中污染物 i 的浓度，ppm 或体积分数%；

　　　C_e——稀释排气中污染物 i 测定浓度，ppm 或体积分数%；

　　　C_d——稀释空气中污染物 i 测定浓度，ppm 或体积分数%；

　　　DF——稀释系数。

稀释系数的计算如下：

$$DF = \frac{13.4}{C_{CO_2} + (C_{HC} + C_{CO}) \times 10^{-4}} \tag{9}$$

式中　C_{CO_2}——取样袋内稀释排气中 CO_2 的浓度，%；

　　　C_{HC}——取样袋内稀释排气中 HC 的浓度，ppmC；

　　　C_{CO}——取样袋内稀释排气中 CO 的浓度，ppm。

5.3.1.4 装压燃式发动机车辆的特殊条款

测量压燃式发动机的 HC

利用下列公式，计算用于确定压燃式发动机 HC 排放量的 HC 平均浓度：

$$C_e = \frac{\int_{t_1}^{t_2} C_{HC}\,dt}{t_2 - t_1} \tag{10}$$

式中　$\int_{t_1}^{t_2} C_{HC}\,dt$——加热式 FID 记录曲线在试验期间（$t_2 - t_1$）内的积分；

　　　C_e——由 HC 记录曲线积分得到的稀释排气样气中 HC 的浓度，ppmC。

5.3.2 燃料消耗量计算

5.3.2.1 用 5.3.1 计算得出的 HC、CO 和 CO_2 排放量，分别计算市区、市郊和综合燃料消耗量。

5.3.2.2 采用下列公式计算燃料消耗量，单位 L/100km：

a）对于装备汽油机的车辆：

$$FC = \frac{0.1154}{D}\left[(0.866 \times M_{HC}) + (0.429 \times M_{CO}) + (0.273 \times M_{CO_2})\right] \tag{11}$$

b）对于装备柴油机的车辆：

$$FC = \frac{0.1155}{D}\left[(0.866 \times M_{HC}) + (0.429 \times M_{CO}) + (0.273 \times M_{CO_2})\right] \quad (12)$$

式中　FC——燃料消耗量，L/100km；

$\quad\quad M_{HC}$——测得的碳氢排放量，g/km；

$\quad\quad M_{CO}$——测得的一氧化碳排放量，g/km；

$\quad\quad M_{CO_2}$——测得的二氧化碳排放量，g/km；

$\quad\quad D$——288K（15℃）下试验燃料的密度，kg/L。

5.3.2.3　对于没有使用基准燃料时燃料消耗量计算值的修正参照 GB/T 19233—2008 的 7.2.1 进行。

5.3.2.4　型式试验值的确定

5.3.2.4.1　如测量计算的燃料消耗量综合值与制造厂申报的综合值之差符合下列规定，则将申报综合值作为型式试验值。

　　a）对于 M_1 类车辆：

$$\frac{检验机构测量计算的综合值-制造厂申报综合值}{制造厂申报综合值} \leqslant +4\% \quad (13)$$

　　b）对于 N_1 类车辆：

$$\frac{检验机构测量计算的综合值-制造厂申报综合值}{制造厂申报综合值} \leqslant +6\% \quad (14)$$

5.3.2.4.2　如果以上两式的结果＞＋4％或＞＋6％，则在该车辆上进行另一次试验。两次试验后，如果：

$$\frac{两次测量计算的综合平均值-制造厂申报综合值}{制造厂申报综合值} \leqslant +4\% 或 \leqslant +6\% \quad (15)$$

则将制造厂的申报综合值作为型式试验值。

5.3.2.4.3　如果按两次测量计算的综合平均值得到的结果仍＞＋4％或＞＋6％，则在该车辆上进行一次最终确认试验。将三次试验的测量计算结果的综合平均值作为型式试验值。

5.3.2.5　多次试验过程中不允许对发动机或车辆作任何改动或调整。

5.3.2.6　燃料消耗量型式试验结果报告的格式见附录 A。

5.3.3　调整燃料消耗量的计算

5.3.3.1　也可采用统计量针对全国城市的市区和市郊进行调整。调整燃料消耗量的计算应根据特定城市的市区和市郊行驶里程比例以及市区和市郊行驶过程中制动、加速、减速和怠速行驶的强度和比例而设定相应的调整因子。

5.3.3.1.1 市区燃料消耗量调整因子 A 应根据对特定城市的市区驾驶状况调查统计得出。

5.3.3.1.2 市郊燃料消耗量调整因子 B 应根据对特定城市的市郊驾驶状况调查统计得出。

5.3.3.1.3 市区行驶里程比例调整因子 X 应根据对特定城市的市区行驶里程分配调查统计得出。

5.3.3.1.4 市郊行驶里程比例调整因子为 $1-X$。

5.3.3.2 调整燃料消耗量的计算：

$$FC_{调整} = FC_{NEDC\_ECE} XA + FC_{NEDC\_EUDC} \times (1-X) \times B \tag{16}$$

式中　$FC_{调整}$——调整后的燃料消耗量；

FC_{NEDC_ECE}——理论市区燃料消耗量；

FC_{NEDC_EUDC}——理论市郊燃料消耗量；

A——市区燃料消耗量调整因子；

B——市郊燃料消耗量调整因子；

X——市区燃料消耗量计算的试验里程分配比例。

6　等速行驶燃料消耗量试验

6.1 等速行驶燃料消耗量试验既可在测功机上进行，也可在道路上进行。

6.1.1 车辆试验质量

车辆试验质量为整车整备质量加上 180kg，当车辆的 50％载质量大于 180kg 时，则车辆试验质量为车辆整车整备质量加上 50％的载质量（包括测量人员和仪器的质量）。

6.1.2 载荷分布

6.1.2.1 对于 M_1 类车辆，载荷的质心应位于前排外侧座椅 R 点连线的中点。

6.1.2.2 对于最多两排座椅的车辆，载荷的质心应位于前排外侧座椅 R 点连线的中点。

6.1.2.3 对于多于两排座椅的车辆，最初的 180kg 载荷的质心应位于前排外侧座椅 R 点连线的中点，附加载荷的质心应位于车辆中心线上，且应在前排外侧座椅 R 点连线中点和第二排外侧座椅 R 点连线中点之间。

6.1.2.4 对于 N_1 类车辆，附加载荷（指试验总载荷减去测量仪器和人员的质量）的质心应位于车辆货厢的中心。

6.1.3　变速器

6.1.3.1　如果车辆在最高挡（n）时的最大速度超过 130km/h，则只能使用该挡位进行燃料消耗量的测定。

6.1.3.2　如果在（$n-1$）挡的最大速度超过 130km/h，而 n 挡的最大速度仅为 120km/h，则 120km/h 的试验应在（$n-1$）挡进行，但制造厂可要求 120km/h 的燃料消耗量在（$n-1$）挡和 n 挡同时测定，条件是用 n 挡时应满足 6.2.4 的要求。

6.2　道路试验

6.2.1　道路条件和气象条件

6.2.1.1　道路应干燥，路面可有湿的痕迹，但不应有任何积水。

6.2.1.2　平均风速小于 3m/s，阵风不应超过 5m/s。

6.2.2　在第一次测量之前，车辆应进行充分的预热，并达到正常工作条件。在每次测量之前，车辆应在试验道路上以尽可能接近试验速度的速度（该速度在任何情况下与试验速度相差不应大于 ±5%）行驶至少 5km，以保持温度稳定。

在测量燃料消耗量时，若速度变化超过 ±5%，冷却液、机油和燃油温度变化不应超过 ±3℃。

6.2.3　测量用试验道路

测量路段的长度应至少 2km，可是封闭的环形路（测量路程必须为完整的环形路），也可是平直路（试验在两个方向上进行）。

试验道路应保证车辆按规定等速稳定行驶，路面应保持良好状态，在试验道路上任意的两点之间的纵向坡度不应超过 +2%。

6.2.4　为了确定在规定速度时的燃料消耗量，应至少在低于或等于规定速度时进行两次试验，并在至少等于或高于规定速度时进行另两次试验，但应满足下面规定的误差。

在每次试验行驶期间，速度误差为 ±2km/h。每次试验的平均速度与试验规定速度之差不应超过 2km/h。

6.2.5　使用式（2）和式（3）计算每次试验行程的燃料消耗量。

6.2.6　指定速度的燃料消耗量应按 6.2.4 规定的方法取得的试验数据用

线性回归法来计算。在试验道路上的两个方向上进行试验时，应分别记录在每个方向上获得的值。

$$精度 = K \cdot \frac{\sqrt{\dfrac{\sum (C_i - \hat{C}_i)^2}{n-2}} \cdot \sqrt{\dfrac{1}{n} + \dfrac{(V_{rel} - \overline{V})^2}{\sum (V_i - \overline{V})^2}}}{C} \cdot 100\% \qquad (17)$$

式中　C_i——在 V_i 速度时测量的燃料消耗量；

$\hat{C}_i$——在 V_i 速度时用线性回归法计算出的燃料消耗量；

C——在指定速度 V 时，用线性回归法计算出的燃料消耗量；

V_{rel}——指定速度；

V_i——i 时的实际速度；

$\overline{V}$——平均速度，$\overline{V} = \dfrac{\sum V_i}{n}$；

n——试验次数；

K——由表1给出。

为了使置信度达到 95%，燃料消耗里的精度应达到 ±3%。为了得到此精度，可增加试验次数。

▣ **表1　K 值**

n	4	5	6	7	8	9	10	12	14	16	18	20
K	4.30	3.18	2.78	2.57	2.45	2.37	2.31	2.23	2.18	2.15	2.12	2.10

6.2.7　如果在平均速度等于指定速度 ±0.5km/h 时测量燃料消耗量，可用获得的试验数据的平均值计算规定速度下的燃料消耗量。

6.2.8　试验结果的校正

6.2.8.1　为了与标准条件相一致，使用下式对在一定的环境条件范围内确定的燃料消耗量值进行校正：

$$C_{校正} = K' C_{测量} \qquad (18)$$

式中　$C_{校正}$——标准条件下的燃料消耗量，L/100km；

$C_{测量}$——在试验环境条件下测量的燃料消耗量，L/100km；

K'——校正系数。

$$K' = \frac{R_R}{R_T}[1 + K_R(t - t_0)] + \frac{R_{AERO}}{R_T} \cdot \left(\frac{\rho_0}{\rho}\right) \qquad (19)$$

式中 R_R——试验速度条件下的滚动阻力;

R_{AERO}——试验速度下的空气动力阻力;

R_T——总行使阻力$=R_R+R_{AERO}$;

t——试验期间的环境温度,℃;

K_R——滚动阻力相对温度的校正系数,采用值为:$3.6\times10^{-3}℃^{-1}$;

ρ——试验条件下的空气密度;

ρ_0——标准条件下的空气密度,$\rho_0=1.189kg/m^3$。

6.2.8.2 R_R,R_{AERO} 和 R_T 值由制造厂提供,如果得不到这些值,经制造厂同意,也可采用附录 C 中给出的值。

6.2.8.3 如果在等速试验时,当环境条件变化超过 2℃ 或 0.7kPa 时,则在确定燃料消耗量和试验精度值之前采用公式(18) 和公式(19) 进行校正。

6.3 测功机试验

6.3.1 测功机的特性应符合附录 B 的规定。

6.3.2 试验室的条件应能调整,以便车辆在润滑油、冷却液和燃油的温度同在道路上用同一速度行驶时的温度范围相一致的正常运行条件下进行试验。该温度范围是基于制造厂使用结构类似的发动机/车辆在道路试验期间事先收集的数据,并进行确认后得到的。

6.3.3 车辆准备

6.3.3.1 车辆的装载质量应与在道路上试验时相同。

6.3.3.2 驱动轮轮胎应符合 4.3 规定。

6.3.3.3 将车辆停在测功机上进行以下检查:

  a) 车辆的纵向中心对称平面是否与一个或多个滚筒轴线垂直;

  b) 车辆的固定系统不应增加驱动轮的载荷。

6.3.3.4 车辆一旦达到试验温度,就应以接近试验速度的速度在测功机上行驶足够长的距离,以便调节辅助冷却装置来保证车辆温度的稳定性。该阶段持续时间不应低于 5min。

6.3.4 试验程序

6.3.4.1 按适当的试验速度和 6.1.1 规定的试验质量根据 C.5.1.2 规定设定测功机,以达到总的道路行驶阻力。

6.3.4.2 测量行驶距离不应少于 2km。

6.3.4.3 试验时，速度变化幅度不大于 0.5km/h，此时可断开惯性装置。

6.3.4.4 至少应进行 4 次测量。

6.3.4.5 根据情况采用 6.2.4～6.2.7 的规定。

6.3.5 在试验报告中记录测功机型号。

6.4 试验结果记录在试验报告中。

附 录 A

（规范性附录）

综合燃料消耗量试验结果报告

［最大尺寸：A4（210mm×297mm）］

A.1 厂牌（制造厂的商品名称）：＿＿＿＿＿＿＿＿＿＿＿＿

A.2 型式和商品的一般叙述：＿＿＿＿＿＿＿＿＿＿＿

A.3 型式的识别方法，标在车辆/部件/单独技术总成上❶：＿＿＿＿
上述标识的位置：＿＿＿＿＿＿＿＿＿＿＿＿＿＿

A.4 车辆类别❷：＿＿＿＿＿＿＿＿＿＿＿＿＿＿＿＿

A.5 制造厂名称和地址：＿＿＿＿＿＿＿＿＿＿＿＿＿

A.6 总装厂的地址：＿＿＿＿＿＿＿＿＿＿＿＿＿＿＿

A.7 整车整备质量：＿＿＿＿＿＿＿＿＿＿＿＿＿＿＿

A.8 最大设计总质量：＿＿＿＿＿＿＿＿＿＿＿＿＿

A.9 额定载客数：＿＿＿＿＿＿＿＿＿＿＿＿＿＿＿＿

A.10 车身型式：＿＿＿＿＿＿＿＿＿＿＿＿＿＿＿＿

A.11 驱动轮：前、后、4×4❶

A.12 发动机

A.12.1 发动机型式：＿＿＿＿＿＿＿＿＿＿＿＿＿＿

A.12.2 发动机排量：＿＿＿＿＿＿＿＿＿＿＿＿＿＿

A.12.3 供油系统：化油器/喷射❶

A.12.4 制造厂推荐的燃料：＿＿＿＿＿＿＿＿＿＿＿

A.12.5 最大功率：＿＿＿＿＿＿＿＿＿＿ kW ＿＿＿＿＿＿＿＿ r/min

---

❶ 划掉不适用者。

❷ 按 GB/T 15089 的定义。

A. 12. 6 增压装置：有/无❶

A. 12. 7 点火系统：压燃/传统点火或电子点火❶

A. 13 变速器

A. 13. 1 变速器型式：手动/自动❶

A. 13. 2 速比数：＿＿＿＿＿＿＿＿＿＿＿＿＿＿

A. 13. 3 总速比❷：

一挡：＿＿＿＿＿＿＿＿＿＿＿ 四挡：＿＿＿＿＿＿＿＿＿＿＿

二挡：＿＿＿＿＿＿＿＿＿＿＿ 五挡：＿＿＿＿＿＿＿＿＿＿＿

三挡：＿＿＿＿＿＿＿＿＿＿＿ 超速挡：＿＿＿＿＿＿＿＿＿＿

A. 13. 4 主传动速比：＿＿＿＿＿＿＿＿＿＿＿＿＿＿＿＿

A. 14 轮胎

型号：＿＿＿＿＿＿尺寸：＿＿＿＿＿＿充气压力：＿＿＿＿＿＿kPa

受载下滚动周长：＿＿＿＿＿＿＿＿＿＿＿＿＿＿＿＿

A. 15 润滑剂

A. 15. 1 厂牌：＿＿＿＿＿＿＿＿＿＿＿

A. 15. 2 型号：＿＿＿＿＿＿＿＿＿＿＿

A. 16 行驶阻力

A. 16. 1 行驶阻力的确定方法：滑行法

A. 16. 2 滑行法试验报告、计算报告或其他相关资料的复印件

A. 17 试验结果

A. 17. 1 CO_2 排放量

A. 17. 1. 1 CO_2 排放量（市区）：＿＿＿＿＿＿＿＿＿＿g/km

A. 17. 1. 2 CO_2 排放量（市郊）：＿＿＿＿＿＿＿＿＿＿g/km

A. 17. 1. 3 CO_2 排放量（综合）：＿＿＿＿＿＿＿＿＿＿g/km

A. 17. 2 燃料消耗量

A. 17. 2. 1 燃料消耗量（市区）：＿＿＿＿＿＿＿＿＿＿L/100km

---

❶ 划掉不适用者。

❷ 总速比指发动机在转速为 1000r/min 时的道路车速（单位为 km/h）和车辆基准质量载荷下，轮胎滚动周长计算得到的各挡的速比。

A.17.2.2 燃料消耗量（市郊）：_____ L/100km

A.17.2.3 燃料消耗量（综合）：_____ L/100km

A.17.3 用调整因子调整后的燃料消耗量

A.17.3.1 燃料消耗量（市区）：_____ L/100km

A.17.3.2 燃料消耗量（市郊）：_____ L/100km

A.17.3.3 燃料消耗量（综合）：_____ L/100km

A.17.4 调整因子

A.17.4.1 市区燃料消耗量调整因子：$A=$

A.17.4.2 市郊燃料消耗量调整因子：$B=$

A.17.4.3 市区行驶比例调整因子：$X=$

A.18 负责试验的机构：_____

A.19 试验报告日期：_____

A.20 试验报告编号：_____

A.21 地点：_____

A.22 日期：_____

A.23 签名：_____

附录 B
（规范性附录）
底盘测功机特性

本附录规定了用于测量模拟城市循环时排放和燃料消耗量及确定等速燃料消耗量的测功机特性。

B.1 术语

在本附录中应采用下列术语：

P_T——总行驶阻力（在道路上或测功机上）；

P_i——被测功机功率吸收装置吸收的指示功率；

P_t——测功机的摩擦损失；

P_a——被测功机吸收的功率，$P_a = P_t + P_i$；

P_R——被滚动阻力吸收的功率。

等速时，在测功机上可使用下列公式：

$$P_\text{T} = P_\text{R} + P_\text{a} = P_\text{R} + P_\text{t} + P_\text{i} \qquad\qquad (\text{B.1})$$

测功机特性如下。

测功机可有一个或两个能耦合的转鼓。前转鼓用来驱动功率吸收装置、惯量模拟装置和速度、行驶距离的测量装置。

测功机应满足下列条件：

a) 当速度等于或高于 50km/h 时，应稳定模拟总行驶阻力，精度为±3%。

b) 在选定速度下时，将选定的吸收功率保持稳定，精度为±1%。

c) 当速度高于 10km/h 时，速度测量误差范围不超过±0.5km/h，行驶距离测量误差不超过±0.3%。所有驾驶员辅助装置的运行，应满足 GB 18352.3—2005 规定的循环公差内。

d) 当测量燃料消耗量时，应能同时启动燃料消耗量，行驶距离和所用时间的测量装置。

e) 当测量等速燃料消耗量时，为了获得更好的速度显示，可通过车辆来驱动速度和行驶距离的记录仪。

B.2 测功机的标定

B.2.1 吸收功率包括摩擦功率和吸收装置吸收的功率。测功机的转动速度要高于试验的最大转动速度，然后断开驱动装置，被驱动的滚筒旋转速度降低，滚筒的功能被功率吸收装置和摩擦吸收。采用此方法不用考虑滚筒有无载荷时内部摩擦的变化以及当后滚筒自由时的摩擦。

可确定出在任何速度时，指示功率（P_i）和吸收功率（P_a）之比。

该比值可用来评价某段时间内由测功机摩擦吸收的功率并在不同时间，或同型号不同测功机上模拟产生相同的总行驶阻力。

B.2.2 标定在速度为 50km/h 时指示功率（P_i）与所对应的吸收功率（P_a）。

B.2.2.1 如果还未进行滚筒旋转速度的测量，则应进行此测量。为此目的可使用五轮仪、转速表或其他装置进行测量。

B.2.2.2 将车辆停放在测功机上或采用另一种方法起动测功机。

B.2.2.3 使用惯性飞轮或者使用考虑惯性级别的所有其他模拟惯性系统。

B.2.2.4 以 50km/h 的速度起动测功机。

B.2.2.5 记录指示功率（P_i）。

B.2.2.6 将测功机的速度提高到 60km/h。

B. 2. 2. 7 脱开测功机的起动装置。

B. 2. 2. 8 记录测功机从 55～45km/h 时减速的时间。

B. 2. 2. 9 采用另一不同的值来调节功率吸收装置。

B. 2. 2. 10 重复 B. 2. 2. 4～B. 2. 2. 9 规定的程序，直到达到道路上所采用的功率范围。

B. 2. 2. 11 使用下列公式计算吸收功率：

$$P_a = \frac{M_i(V_1^2 - V_2^2)}{2000t} \qquad (B.2)$$

式中　P_a——吸收功率，kW；

　　　M_i——当量惯量，kg（如果滚筒未耦合，不考虑自由后滚筒的惯量）；

　　　V_1——初始速度，m/s（55km/h=15.28m/s）；

　　　V_2——最终速度 m/s（45km/h=12.50m/s）；

　　　t——速度由 55km/h 下降到 45km/h 时滚筒减速的时间。

B. 2. 2. 12 确定速度为 50km/h 时指示功率（P_i）与在同一速度下吸收功率（P_a）的关系（图 B.1）。

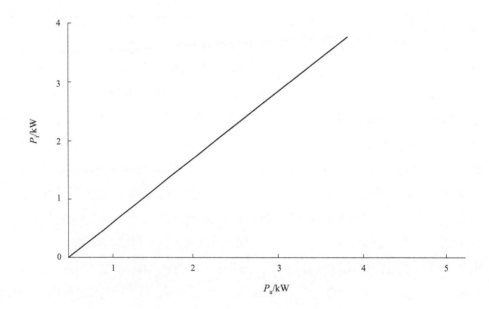

图 B. 1 50km/h 时指示功率 （P_i） 与吸收功率 （P_a） 的关系

B.2.2.13 每个惯性级别重复进行 B.2.2.3、B.2.2.12 规定的程序。

B.2.3 对在其他速度时指示功率（P_i）和所对应的吸收功率（P_a）的标定：

对选定的其他速度，重复进行 B.2.2 规定的程序。

B.3 测功机上试验车辆总功率的确定

测功机上试验车辆总功率等于滚筒吸收功率和测功机吸收功率之和。采用减速法或扭矩测量法来确定总功率。

附录 C
（规范性附录）
车辆总行驶阻力的确定和测功机的标定

C.1 目的

本附录的目的是规定了车辆在等速精度为 ±2％下确定总行驶阻力的测量方法，并在测功机上以 ±3％的精度模拟该阻力。

C.2 道路条件

试验道路应呈水平，且应具有足够的长度进行以下规定的测量，其纵向坡度不应超过 1.5％。

C.3 环境条件

C.3.1 试验期间，平均风速应小于 3m/s，阵风速度不大于 5m/s，侧向风分量不大于 2m/s。风速测量位置应高出路面 0.7m。

C.3.2 试验道路应干燥。

C.3.3 标准条件

大气压力：$H_0 = 100$kPa；温度：$T_0 = 293$K（20℃）。

C.3.3.1 空气密度：

用公式(1)计算试验期间的空气密度与标准条件下空气密度的相对误差不应超过 7.5％。

C.3.3.2 环境条件：

C.3.3.2.1 环境温度应在 5℃（278K）和 35℃（308K）之间，大气压力应在 91kPa 和 104kPa 之间。相对湿度应低于 95％。

C.3.3.2.2 经制造厂同意，试验可在环境温度最低到 1℃时进行，此时，可采用5℃温度的校正系数。

C.4 车辆准备

C.4.1 磨合

车辆应处在正常行驶状态并已经正确调整，至少已经磨合3000km。轮胎应与车辆同时磨合或者胎面花纹深度应保持初始花纹深度的50%～90%。

C.4.2 检查

检查以下项目是否符合制造厂的规定：

车轮、车轮装饰件、轮胎（商标、型号、压力）、前轴几何形状、制动器调整（消除附加阻力）、前后桥润滑、车辆悬架和姿态的调整等等。

C.4.3 试验准备工作

C.4.3.1 试验车辆载荷为整车整备质量加上100kg。载荷的质心应位于前排外侧座椅R点连线的中点，在测功机上测量燃料消耗量时，确定模拟等速90km/h和120km/h的总行驶阻力，应该按6.1.1规定的车辆质量进行计算。

C.4.3.2 在道路上进行试验时，车窗要关闭。关闭所有的空调系统的阀门和前照灯。

C.4.3.3 车辆应清洁。

C.4.3.4 在试验之前，车辆应保持其正常运转温度。

C.5 测量方法

C.5.1 空挡减速期间能量的变化

C.5.1.1 总行驶阻力的确定

C.5.1.1.1 测量仪的精度

时间和速度测量误差范围应分别小于0.1s和± 0.5km/h。

C.5.1.1.2 试验程序

C.5.1.1.2.1 车辆加速直到大于5km/h的速度，并在此速度时开始测量。

C.5.1.1.2.2 将变速器处在空挡位置。

C.5.1.1.2.3 当车辆速度从$V_2 = V + \Delta V$（km/h）到$V_1 = V - \Delta V$（km/h）时，测量减速时间t_1。式中取指示速度<50km/h，$\Delta V < 5$km/h；取指示

速度＞50km/h，$\Delta V <10$ km/h。

C.5.1.1.2.4 从相反方向进行同一试验，并确定 t_2。

C.5.1.1.2.5 将 t_1 和 t_2 两个时间进行平均即为 T_1。

C.5.1.1.2.6 重复这些试验直到 $T = \dfrac{1}{n} \sum\limits_{i=1}^{n} T_i$ 的平均值的统计精度小于或等于 2%（$P \leqslant 2\%$）。

统计精度按下式计算：

$$P = \frac{ts}{\sqrt{n}} \cdot \frac{100}{T} \tag{C.1}$$

式中　t——由表 C.1 给出的系数；

　　　s——标准偏差，$s = \sqrt{\sum\limits_{i=1}^{n} \dfrac{(T_i - T)^2}{n-1}}$；

　　　n——为试验次数。

▣ 表 C.1

n	4	5	6	7	8	9	10	11	12	13	14	15
t	3.2	2.8	2.6	2.5	2.4	2.3	2.3	2.2	2.2	2.2	2.2	2.2
$\dfrac{t}{\sqrt{n}}$	1.6	1.25	1.06	0.94	0.85	0.77	0.73	0.66	0.64	0.61	0.59	0.57

C.5.1.1.2.7 用下式计算功率：

$$P = \frac{MV\Delta V}{500T} \tag{C.2}$$

式中　P——功率，kW；

　　　V——试验速度，m/s；

　　　ΔV—— 与速度 V 相减得到的速度之差，m/s；

　　　T——时间，s；

　　　M——试验车辆质量，kg。

C.5.1.1.2.8 用下列公式校正道路上确定的总行驶阻力，以便使其与标准环境条件下的总行驶阻力相同。

$$P_{T校正} = KP_{T测量} \tag{C.3}$$

$$K = \frac{R_R}{R_T}[1 + K_R(t - t_0)] + \frac{R_{AERO}}{R_T} \cdot \left(\frac{\rho_0}{\rho}\right) \tag{C.4}$$

式中　R_R——速度为 V 时的滚动阻力；

　　R_{AERO}——速度为 V 时的空气动力阻力；

　　R_T——总行驶阻力，$R_T = R_R + R_{AERO}$；

　　K_R——滚动阻力的温度校正系数，应采用的值为 $3.6 \times 10^{-3} ℃^{-1}$；

　　t——试验期间的环境温度，℃；

　　t_0——标准环境温度为 20℃；

　　ρ——试验条件下的空气密度；

　　ρ_0——标准条件（20℃，100kPa）时的空气密度。

R_R/R_T 和 R_{AERO}/R_T 的比值可由制造厂提供。

如果得不到该比值，经制造厂同意也可采用下式计算的滚动阻力和总行驶阻力的比值：

$$R_R/R_T = aM + b \tag{C.5}$$

式中　M——车辆质量，kg；

　　a，b——每一速度所对应的系数，规定按表 C.2。

⊡ 表 C.2

$V/(km/h)$	a	b
20	7.24×10^{-5}	0.82
30	1.25×10^{-4}	0.67
40	1.59×10^{-4}	0.54
50	1.86×10^{-4}	0.42
90	1.71×10^{-4}	0.21
120	1.57×10^{-4}	0.14

C.5.1.2　测功机的调整

该程序的目的是在给定速度下在测功机上模拟总行驶阻力。

C.5.1.2.1　测量仪器的精度

测量仪器应与在道路上试验使用的仪器相同。

C.5.1.2.2　试验程序

C.5.1.2.2.1 将车辆放置在测功机上。

C.5.1.2.2.2 调整驱动轮轮胎压力（冷态），使其达到测功机要求的值。

C.5.1.2.2.3 调整测功机的当量惯量。

C.5.1.2.2.4 使车辆和测功机稳定在其工作温度下。

C.5.1.2.2.5 按 C.5.1.1.2 要求进行操作（不包括 C.5.1.1.2.4 和 C.5.1.1.2.5），使用当量惯量（I）下的试验车辆质量代替式(C.2)中的试验车辆质量（M）。

C.5.1.2.2.6 为重现 C.5.1.1.2.8 的校正总行驶阻力，应调整功率吸收装置，并注意道路上车辆质量和当量惯量（I）下的试验车辆质量之间的差别。只需用下式计算出空挡时，速度 V_2 减至 V_1 的已校正的平均时间值，并在测功机上重现此值。

$$T_{校正} = \frac{T_{测量}}{K} \times \frac{I}{M} \tag{C.6}$$

C.5.1.2.2.7 确定由测功机吸收功率 P_a，以便在不同时间或在同一型号不同测功机上使用一辆车产生同一总行驶阻力。

C.5.2　等速时扭矩的测量方法

C.5.2.1　道路上总扭矩的测量

C.5.2.1.1　测量仪器的精度

扭矩测量仪器的精度应为 ±2%，速度误差范围不应超过 ±0.5km/h。

C.5.2.1.2　试验程序

C.5.2.1.2.1 将车辆加速到选定的速度 V。

C.5.2.1.2.2 在至少 20s 内记录扭矩 $C(t)$ 和速度。数据采集系统得到的扭矩误差为 ±1N·m，速度误差为 ±0.2km/h。

C.5.2.1.2.3 测量期间，速度和扭矩的变化系数（标准偏差除以平均值）不应超过 2%。从相距最远为 1s 的等距离取样点开始计算标准偏差。如果不能满足上述要求，应增加测量时间直到达到要求为止。

C.5.2.1.2.4　由下式计算平均扭矩 C_a：

$$C_a = \frac{1}{\Delta t}\int_t^{t+\Delta t} C(t)\,\mathrm{d}t \tag{C.7}$$

C.5.2.1.2.5　从两个方向各进行三次同样试验。在标准速度下，从获得的 6 个值中确定平均扭矩。如果平均速度与标准速度相差超过 1km/h，应采用线性回归法计算平均扭矩。

C.5.2.1.2.6　如果需要建立一条总行驶阻力曲线，则应由至少等距的 7 个速度获得的扭矩值计算该曲线。在某一标准速度下的数据点可由速度-扭矩坐标来表示。

C.5.2.1.2.7　使用下式校正在道路上确定的平均扭矩 C_T，并使其与标准环境条件相同：

$$C_{T校正} = KC_{T测量} \tag{C.8}$$

式中　K——同 C.5.1.1.2.8。

C.5.2.2　测功机的特性和调整

C.5.2.2.1　测量仪器的精度

测量仪器应与在道路上使用的相同。

C.5.2.2.2　试验程序

C.5.2.2.2.1　进行 C.5.1.2.2.1～C.5.1.2.2.4 规定的操作。

C.5.2.2.2.2　为了对功率吸收装置进行不同的调整，进行 C.5.2.1.2.1～C.5.2.1.2.4 规定的操作。

C.5.2.2.2.3　为了获得已全部校正的道路行驶扭矩，调整功率吸收装置，该扭矩已在 C.5.2.1.2.7 中计算。

C.5.2.2.2.4　进行 C.5.1.1.2.7 规定的操作。

C.5.3　陀螺平台法测量减速度

C.5.3.1　道路上平均吸收功率的测量

C.5.3.1.1　测量仪器的精度

减速度测量仪器的精度应为±1%。测量车辆倾斜角的误差小于±1%，时间测量误差小于 0.1s，速度测量误差为±0.5km/h。

C.5.3.1.2　试验程序

C.5.3.1.2.1 当陀螺平台放置在车辆上时，在进行第二次调整时，有必要在一参考水平面上确定陀螺平台的倾斜角（α）。

C.5.3.1.2.2 在试验之前，使陀螺轴线呈垂直状，车辆放在一参考水平面上。

C.5.3.1.2.3 车辆加速达到至少大于试验速度 $V+5\mathrm{km/h}$ 的速度。

C.5.3.1.2.4 使变速器置于空挡。

C.5.3.1.2.5 测量减速时间 t 和 $V+5\mathrm{km/h}$ 与 $V-5\mathrm{km/h}$ 之间轴线的位移。

C.5.3.1.2.6 为避免因地球旋转而引起的平台漂移，按 C.5.3.1.2.2 规定操作完成的时间应尽可能短。

C.5.3.1.2.7 用下式计算相应于速度 V 的平均减速度

$$\bar{\gamma}_1 = \frac{1}{t}\int_0^t \big[g(t) - g\cos\alpha(t)\big]\mathrm{d}t \tag{C.9}$$

式中　$\bar{\gamma}_1$——在道路的一个方向上，速度 V 时的平均减速度；

t——$V+5\mathrm{km/h}$ 到 $V-5\mathrm{km/h}$ 时的减速时间；

(t)——时间 t 内记录的减速度；

g——$9.81\mathrm{m/s^2}$；

$\alpha(t)$——陀螺轴线相对于垂直线的偏移。

C.5.3.1.2.8 在道路的另一方向进行同样的试验，重复 C.5.3.1.2.1～C.5.3.1.2.6 规定的操作就可得到 $\bar{\gamma}_2$ 值。

C.5.3.1.2.9 计算平均值 $\bar{\gamma}_i$：

$$\bar{\gamma}_i = \frac{\bar{\gamma}_1 + \bar{\gamma}_2}{2} \tag{C.10}$$

C.5.3.1.2.10 进行一定次数的试验，以便使平均值 $\bar{\gamma} = \frac{1}{n}\sum\gamma_i$ 的统计精度 $P<2\%$。

用下式计算统计精度：

$$P = \frac{ts}{\sqrt{n}} \cdot \frac{100\%}{\gamma} \tag{C.11}$$

式中 t——由表 C.1 中给出的系数；

　　　n——进行试验的次数；

　　　s——标准偏差，$s=\sqrt{\dfrac{\sum_i^n (\bar{\gamma}_i - \bar{\gamma})^2}{n-1}}$。

C.5.3.1.2.11　计算平均吸收力

$$\bar{F} = M\bar{\gamma}$$

式中 M——道路上车辆的实际质量。

C.5.3.1.2.12　在道路上确定的平均吸收力应采用下式进行校正：

$$\bar{F}_{校正} = K\bar{F}_{测量} \tag{C.12}$$

式中 K——按式（C.4）计算。

C.5.3.2　测功机的调整

C.5.3.2.1　测量仪器的精度

　　所使用的测功机应符合 B.1 和 B.2 的规定。

C.5.3.2.2　试验程序

C.5.3.2.2.1　根据附录 B 中规定的特性，在给定速度下确定测功机的吸收力 F_a。

　　等速时，用下式计算总吸收力 F_t

$$F_t = F_\tau + F_a \tag{C.13}$$

$$F_a = F_t - F_\tau \tag{C.14}$$

$$F_a = F_{校正} - F_t \tag{C.15}$$

式中 F_t——由滚筒上驱动轴施加的滚动力；

　　　F_t——应等于在道路上确定的平均校正力（见 C.5.3.1.2.12）。

C.5.3.2.2.2　为计算 F_a，有必要了解滚动力 F_τ，与 $\bar{F}_{校正}$ 的差值。如果测功机只有一个直径超过 1.5m 的滚筒，则在选定速度下的滚动力 F_t 可是由制造厂指定的道路试验时（见 C.5.1.1.2.8）的滚动力值乘以驱动轴质量与车辆总质量之比得出的值。

　　如果测功机有两个滚筒或者有一个直径小于 1.5m 的滚筒，则在对应于测功机上的选定速度测量滚动力 F_t，变速器置空挡。使滚筒达到选定速度，用一测量误差小于 2% 的测量仪器测量滚动力。

C.5.3.2.2.3 当 F_r 值不确定时，最好在测功机上采用空挡时的减速方法。

以高于 10km/h 的速度使车辆达到选定的速度。

让车辆减速，变速器置空挡，连续记录减速度 dw/dt。

用下式计算总阻力 F_t

$$F_t = \frac{J}{R} \cdot \frac{d\omega}{dt} \qquad (C.16)$$

式中 J——测功机惯量与车辆（变速器置空挡）旋转质量惯量之和；

R——滚筒半径；

ω——角速度。

改变测功机的载荷，重复上述规定的操作，直到：$F_t = F_{校正}$。

在同一型号车辆上进行其他试验，记录测功机的吸收功率（P_a）。

C.5.4 变量法

C.5.4.1 经制造厂同意，试验车辆总行驶阻力可用下式计算：

$$P_t = 1.1(a_0 M + b_0) \qquad (C.17)$$

式中 P_t——总行驶阻力，kW；

M——试验车辆质量，kg；

a_0, b_0——与速度有关的系数，见表 C.3。

⊡ 表 C.3

V/(km/h)	a_0	b_0
50	2.13×10^{-3}	0.63
40	1.60×10^{-3}	0.32
30	1.14×10^{-3}	0.14
20	0.73×10^{-3}	0.04

C.5.4.2 除乘用车外，当车辆质量大于 1700kg 时，用上面公式得出的阻力应乘以系数 1.3. 而不是 1.1。

C.5.4.3 使用 C.5.1（空挡减速）或 C.5.2（扭矩测量）规定的一种方法调整测功机。

C.5.5 经试验部门和制造厂同意，可采用其他能保证相应精度的测功机的标定方法。

附录 D
（资料性附录）
检查机械惯量以外的其他惯量

D.1　目的

本附录规定了检查模拟测功机的总惯量能否圆满地实现运转循环中的各工况要求的方法。

D.2　原理

D.2.1　建立工作方程

由于测功机滚筒的旋转速度是变化的，滚筒表面的力可用下列公式确定：

$$F = I\gamma = I_M\gamma + F_1 \qquad (D.1)$$

式中　F——滚筒表面的力；

I——测功机的总惯量（与车辆当量惯量相等，见 GB 18352.3—2005 附录 C）；

I_M——测功机的机械质量惯量；

γ——滚筒表面的切向加速度；

F_1——惯性力。

总惯量用下列公式确定：

$$I = I_M + \frac{F_1}{\gamma} \qquad (D.2)$$

式中　I_M——可用传统方法计算或测量；

F_1——可在测功机上测量；

γ——可用滚筒的圆周速度测量。

总惯量（I）是由大于或等于试验循环获得的值进行加速或减速试验时确定的。

D.2.2　计算总惯量时允许的误差

试验和计算方法应保证确定总惯量的相对误差小于 2%。

D.3　技术要求

D.3.1　模拟总惯量 I 在下述限值内应同惯性当量（见 GB 18352.3—2005

附录 C）理论值一样。

D.3.1.1 每个瞬时值在理论值的±5％以内。

D.3.1.2 每次循环计算出的平均值在理论值的±2％以内。

D.3.2 对于装有手动变速器的车辆，由 D.3.1.1 给出的限值在起动的 1s 内及换挡的 2s 内可放宽至±50％。

D.4 检查程序

D.4.1 检查按 GB 18352.3—2005 规定的工况循环试验进行。

D.4.2 如果能达到 D.3 的规定且瞬时加速度至少大于或小于理论循环程序中得到的加速度值的 3 倍时，则不必按 D.3 规定检查。

D.5 技术说明

建立工作方程的说明。

D.5.1 道路上力的平衡

$$C_R = K_1 J r_1 \frac{\mathrm{d}\theta_1}{\mathrm{d}t} + K_2 J r_2 \frac{\mathrm{d}\theta_2}{\mathrm{d}t} + K_3 M \gamma r_1 + K_3 F_2 r_1 \qquad (\mathrm{D}.3)$$

D.5.2 带有机械模拟惯量的测功机上力的平衡

$$C_m = K_1 J r_1 \frac{\mathrm{d}\theta_1}{\mathrm{d}t} + K_3 \frac{J R_m}{R_m} \frac{\mathrm{d}\omega_m}{\mathrm{d}t} r_1 + K_3 F_2 r_1 = K_1 J r_1 \frac{\mathrm{d}\theta_1}{\mathrm{d}t} + K_3 I \gamma r_1 + K_3 F_2 r_1 \quad (\mathrm{D}.4)$$

D.5.3 带有非机械模拟惯量的测功机上力的平衡

$$C_e = K_1 J r_1 \frac{\mathrm{d}\theta_1}{\mathrm{d}t} + K_3 \left(\frac{J R_e}{R_e} \frac{\mathrm{d}\omega_e}{\mathrm{d}t} r_1 + \frac{C_1}{R_e} r_1 \right) + K_3 F_2 r_1$$

$$= K_1 J r_1 \frac{\mathrm{d}\theta_1}{\mathrm{d}t} + K_3 (I_M \gamma + F_1) r_1 + K_2 F_2 r_1 \qquad (\mathrm{D}.5)$$

式中 C_R——发动机在道路上的扭矩；

       C_m——发动机在特有机械模拟惯量测功机上的扭矩；

       C_e——发动机在带有电模拟惯量测功机上的扭矩；

       $J r_1$——车辆传动系传到驱动轮上的惯性矩；

       $J r_2$——非驱动轮的惯性矩；

       $J R_m$——带有机械模拟惯性的测功机惯性矩；

       $J R_e$——带有电模拟惯量测功机的机械惯性矩；

       M——车辆在道路上的质量；

       I——带有机械模拟惯量测功机的当量惯量；

I_M——带有电模拟惯量试验台的机械惯量；

F_2——等速时的合力；

C_1——电模拟惯量的合扭矩；

F_1——电模拟惯量的合力；

$\dfrac{\mathrm{d}\theta_1}{\mathrm{d}t}$——驱动轮的角加速度；

$\dfrac{\mathrm{d}\theta_2}{\mathrm{d}t}$——非驱动轮的角加速度；

$\dfrac{\mathrm{d}\omega_m}{\mathrm{d}t}$——惯性机械测功机的角加速度；

$\dfrac{\mathrm{d}\omega_e}{\mathrm{d}t}$——惯性电测功机的角加速度；

γ——线性加速度；

r_1——驱动轮承载时的半径；

r_2——非驱动轮承载时的半径；

R_m——机械惯性测功机滚筒半径；

R_e——电惯性测功机滚筒半径；

K_1——根据齿轮速比及传动系部件的惯量和效率决定的系数；

K_2——传动比$\times r_1/r_2 \times$效率；

K_3——传动比$\times$效率。

假设将两种型式的测功机（D.5.2 及 D.5.3）做成一样，则：

$$K_3(I_M\gamma+F_1)\gamma_1=K_3I\gamma\gamma_1 \qquad (\text{D.6})$$

式中，$I=I_M+\dfrac{F_1}{\gamma}$。

附录2 客车定型试验规程（GB/T 13043—2006）

1 范围

本标准规定了客车新产品定型试验的要求、试验项目、试验方法。

本标准适用于 M_2、M_3 类客车。

2 规范性引用文件

下列文件中的条款通过本标准的引用而成为本标准的条款。凡是注日期的引用文件，其随后所有的修改单（不包括勘误的内容）或修订版均不适用于本标准，然而，鼓励根据本标准达成协议的各方研究是否可使用这些文件的最新版本。凡是不注日期的引用文件，其最新版本适用于本标准。

GB/T 3730.1—2001　汽车和挂车类型的术语和定义

GB/T 3730.2　道路车辆　质量　词汇和代码（GB/T 3730.2—1996，idt ISO 1176：1990）

GB/T 4970　汽车平顺性随机输入行驶试验方法

GB/T 6323.4　汽车操纵稳定性试验方法　转向回正性能试验

GB/T 6323.5　汽车操纵稳定性试验方法　转向轻便性试验

GB/T 6323.6　汽车操纵稳定性试验方法　稳态回转试验

GB 7258—2004　机动车运行安全技术条件

GB/T 12480　客车防雨密封性试验方法

GB/T 12534　汽车道路试验方法通则

GB/T 12536　汽车滑行试验方法

GB/T 12539　汽车爬陡坡试验方法

GB/T 12540　汽车最小转弯直径测定方法

GB/T 12543　汽车加速性能试验方法

GB/T 12544　汽车最高车速试验方法

GB/T 12545.2　商用车辆燃料消耗量试验方法

GB/T 12547　汽车量低稳定车速试验方法

GB/T 12548　汽车速度表、里程表检验校正方法

GB/T 12673　汽车主要尺寸测量方法

GB/T 12674　汽车质量（重量）参数测定方法

GB/T 12677　汽车技术状况行驶检查方法

GB/T 12782　汽车采暖性能试验方法

GB/T 13053　客车驾驶区尺寸

GB/T 13055　客车乘客区尺寸

GB/T 15089—2001　机动车辆及挂车分类

JT/T 216　客车空调系统技术条件

QC/T 252　专用汽车定型试验方法

QC/T 677　卧铺客车平顺性随机输入行驶试验方法

QC/T 900—1997　汽车整车产品质量检验评定方法

3　术语和定义

GB/T 3730.1—2001、GB/T 3730.2 和 GB/T 15089—2001 中确立的以及下列术语和定义适用于本标准。

3.1　车型　vehicle type

符合下列条件的车辆组合：

a）生产企业相同；

b）车辆品牌、商标相同；

c）车身的承载方式相同，骨架总体结构（如双层骨架结构、单层骨架结构，座椅车身结构、卧铺车身结构）一致；

d）底盘结构相同或类似；

e）动力装置的类型（如内燃机、电动机、混合动力）相同，动力装置在车辆上的布置（如发动机前置、中置、后置、横置、纵置等）相同；

f）发动机的功率极限值比值（最大值/最小值）不大于 1.5；

g）轴数和轮胎数相同，相距最远两轴之间距的极限值比值（最大值/最小值）不大于 1.2；

h）同轴轮距的极限值比值（最大值/最小值）不大于 1.1；

i）车辆最大总质量极限值比值（最大值/最小值）不大于 1.2；

j）车辆外廓（长、宽、高）尺寸参数的极限值比值（最大值/最小值）不大于 1.1。

注：同一车型的主要特性参数变化范围可以在一次设计中达到最大，也可以通过车型扩展逐步达到。

3.2　特大型客车　extended bus

双层客车、铰接客车或车长大于 12m 的其他客车。

3.3 大型高级客车 large high-grade bus and coach

同时具备以下条件的客车：

a) 整车长度大于 9m 且小于等于 12m；

b) 发动机后置或中置；

c) 采用空气悬架；

d) 车内装有冷暖空气调节装置；

e) 最高车速不小于 110km/h（城市客车除外）。

3.4 特大型高级客车 extended high-grade bus and coach

同时具备以下条件的客车：

a) 整车长度大于 12m；

b) 发动机后置或中置；

c) 采用空气悬架；

d) 车内装有冷暖空气调节装置；

e) 最高车速不小于 110km/h（城市客车除外）。

3.5 当量故障数 fault level

各级故障按其危害程度以一定的系数折算成常见的一般故障的数目。

3.6 本质故障 design/manufacturing fault

产品在规定的条件下使用时，由于设计、制造原因而引发的故障。

3.7 误用故障 operational fault

产品未在规定的条件下使用而引发的故障。

4 试验条件及中止试验条件

4.1 试验条件

4.1.1 试验前企业应提供产品技术条件（或产品标准）。

4.1.2 试验车辆的安全环保性能应符合有关强制性标准的规定。

4.1.3 性能试验前试验样车应按企业产品技术条件或 QC/T 900—1997 中 5.2.1.1 规定的行驶规范进行磨合，在磨合期间按要求更换发动机、变速器、驱动桥等部位的润滑油（脂），不得任意调整、更换零部件，并做好详细的行驶检查记录。

4.1.4 车辆的总质量按整车最大设计总质量加载。

4.1.5 对于底盘与整车同时定型的车辆，在可靠性试验中安装底盘最大设计总质量加载。

4.1.6 在上述规定以外试验样车，试验场地、气象条件等应符合 GB/T 12534 的规定（在引用的标准中有特殊规定时，按照其规定进行）。

4.2 中止试验条件

在试验过程中发现下述情况之一者，应中止试验或由研制单位改进后再继续试验。

　　a）转向、制动系统不能确保行驶安全；

　　b）底架、骨架结构件或其焊接处出现断裂、脱焊等损坏使试验无法继续进行；

　　c）铰接客车的机械联接装置失效，无法安全运行；

　　d）试验中应考核的总成严重损坏需要更换。

5 试验项目及试验方法

5.1 参数测量

5.1.1 整车尺寸参数的测量，按 GB/T 12673 进行，项目如下：

　　a）车长、车宽、车高；

　　b）轴距；

　　c）轮距；

　　d）前悬与后悬。

5.1.2 乘客区尺寸的测量，按 GB/T 13055 进行，项目如下：

　　a）乘客区长、乘客区宽；

　　b）座垫宽、座垫深；

　　c）车内高；

　　d）城市客车站立面积。

5.1.3 质量参数的测量按 GB/T 12674 进行，项目如下：

　　a）整车整备质量及轴载质量；

　　b）整车最大设计总质量状态时的车辆总质量及轴载质量；

　　c）底盘最大设计总质量状态时的车辆总质量及轴载质量。

5.1.4 机动性和通过性参数的测量，按 GB/T 12673 和 GB/T 12540 进行，项目如下：

　　a）接近角与离去角；

b) 最小离地间隙；

c) 最小转弯直径。

5.1.5 驾驶区尺寸参数的测量，按 GB/T 13053 进行，项目如下：

a) 转向盘直径；

b) 转向盘中心至驾驶员座椅中心平面距离；

c) 行车制动踏板中心至加速踏板中心距离；

d) 转向盘外缘至周围物体的最小距离；

e) 转向盘外缘至驾驶员座椅靠背表面距离；

f) 驾驶员座椅上下和前后调整量，驾驶员座椅靠背调整角。

5.1.6 转向系统参数的测量，项目如下：

a) 前轮定位参数（前束、前轮外倾角、主销内倾角、主销后倾角）；

b) 前轮向左、向右最大转角。

5.1.7 专用装置参数按相关国家和行业标准进行检测。

5.2 技术状况检查行驶

按 GB/T 12677 进行，行驶里程不少于 100km，并按 GB/T 12548 校正里程表和车速表。

5.3 性能试验

5.3.1 滑行性能

按 GB/T 12536 进行。

注：装用自动变速器的车辆不进行此项试验。

5.3.2 动力性能

5.3.2.1 最高车速，按 GB/T 12544 进行。

5.3.2.2 直接挡最低稳定车速，按 GB/T 12547 进行。

5.3.2.3 加速性能，按 GB/T 12543 进行，项目如下：

a) 起步连续换挡加速到最高车速的 80％时的距离和时间；

b) 直接挡从最低稳定车速加速到最高车速的 80％时的距离和时间。

5.3.2.4 最大爬坡度，按 GB/T 12539 测试。

注：装用自动变速器的车辆不进行 5.3.2.2 和 5.3.2.3 b）的项目测试。

5.3.3 制动性能

按 GB 7258—2004 中 7.13.1.1（或 7.13.1.2）及附录 C.1 进行。

5.3.4 经济性能

按 GB/T 12545.2 进行燃料消耗量试验，项目如下：

a) 等速行驶燃料消耗量；

b) 多工况循环燃料消耗量。

5.3.5 操纵稳定性

5.3.5.1 转向回正性能试验按 GB/T 6323.4 进行；

5.3.5.2 转向轻便性试验按 GB/T 6323.5 进行；

5.3.5.3 稳态回转试验按 GB/T 6323.6 进行。

5.3.6 行驶平顺性

按 GB/T 4970 进行。测量驾驶员座椅及后桥上方乘客座椅加速度等效均值。卧铺客车按 QC/T 677 进行试验。

5.3.7 防雨密封性

按 GB/T 12480 进行。

5.3.8 制冷系统能力

按 JT/T 216 进行。

5.3.9 采暖系统性能

按 GB/T 12782 进行。

5.3.10 专用装置

按相关国家和行业标准进行试验。

5.4 性能复试

5.4.1 按表 1 中规定的 A 类试验方案进行试验的客车在可靠性行驶试验结束后应进行性能复试，复试项目包括 5.3.1～5.3.6。

5.4.2 按表 1 中规定的 B 类试验方案进行试验的客车在可靠性行驶试验结束后应进行性能复试，复试项目包括 5.3.2～5.3.4。

5.5 可靠性试验

5.5.1 可靠性试验方案确定

5.5.1.1 试验样车应选取有代表性的车辆组合，即所选车辆应覆盖车型主要技术参数的最大及最小值、主要总成的各种不同型式、不同配置以及不同的匹配形式（每种情况均要进行试验）。

5.5.1.2 同一车型在一次试验中可根据实际情况将不同样车分别按 A 类

试验方案、B 类试验方案、变型车试验方案及可靠性视同试验方案进行组合试验。车型扩展可以单独确定试验方案，亦可引用以前的试验结果，将需扩展的配置与已定型的配置综合在一起确定试验方案，增加需补充的试验项目。

5.5.1.3 具体试验方案的确定按表 1 的规定。

▣ 表 1　可靠性试验方案的确定

序号	试验方案	确定依据	
		新车型定型	车型扩展(与基础车型相比)
1	选取代表样车按 A 类试验方案进行	a)超出 3.1 车型界定范围的新车型； b)企业全新设计的新车型； c)第一次引进的新车型	a)8 大总成(车身、车架、发动机、变速器、驱动桥、非驱动桥、转向系统、制动系统)中，1)车身、发动机两大总成变化或改进；2)车身和发动机两大总成之一及其余 3 个总成(含)以上变化或改进；3)车身和发动机两大总成以外其余 5 个总成(含)以上变化或改进； b)换装的发动机较原发动机的功率或扭矩增加值≥20％； c)客车的总质量或任一轴载质量超过已定型底盘最大总质量或相应轴载质量
2	选取代表样车按 B 类试验方案进行	与按 A 类试验方案进行试验的样车相比存在相当于右栏中的变化情况	a)用已定型的客车底盘设计的客车； b)总质量或任一轴载质量增加值≥10％，但不超过原底盘最大总质量或相应轴载质量
3	选取代表样车按变型车试验方案进行	与按 A 类、B 类试验方案进行试验的样车相比存在相当于右栏中的变化情况	a)转向系结构变更； b)制动系结构变更； c)传动系结构变更； d)非驱动桥、驱动桥(壳)结构变更； e)悬架结构变更； f)客车底架结构，客车车身局部改进或车身结构改进，影响结构强度时； g)轴距变化值≥5％； h)总质量或轴载质量增加值≥5％且＜10％，但不超过原底盘最大总质量或相应轴载质量； i)换装的发动机较原发动机的功率或扭矩增加值≥10％且＜20％者； j)换装的发动机较原发动机的功率或扭矩增加值＜10％，且不属于该表序号 4a)中所述的同一系列或同类发动机

表 1(续)

序号	试验方案	确定依据	
		新车型定型	车型扩展(与基础车型相比)
4	选取代表样车按可靠性视同试验方案进行	与按 A 类、B 类试验方案或变型车试验方案进行试验的样车相比存在相当于右栏中的变化情况	a)换装的发动机为同一厂家同一系列(由原机型扩缸)或不同厂家同一系列,安装尺寸、位置一样,其功率或扭矩增大值<10%者。换装同类发动机,且功率或扭矩减少(增压变非增压、中冷变非中冷、扩缸改原缸径或缩小)者; b)将已定型的客车车身装到已定型的客车底盘上,轴距、轮距、车长、车宽、车高变化值<5%,且连接方式和连接位置基本不变; c)总质量和轴载质量的增加值<5%,且总质量和轴载质量不超过底盘总质量和轴载质量; d)底盘不变,仅车身长、宽、高变化值<5%; e)仅局部增设专用设施,不影响原车的结构强度
5	企业可自主进行,无须试验	在不影响结构和强度的前提下,仅下列项目发生改变形成的产品; a)改变或增加车辆附件、装饰件; b)车内装饰、座位布置、车内设备、上部装置等发生较小变化; c)车门型式变化(不包括尺寸加大)且位置不变,或车门数量减少且位置不变; d)制冷,采暖系统结构改进或换型	

注:当车辆的变化情况与表中描述不对应时,应根据汽车结构特点参照最接近的条款执行。

5.5.2 样车数量

样车数量应满足表 2 的要求。

表 2 样车数量

试验方案		样车数量	
按 A 类试验方案	M₃ 类	不少于 2 辆	专用客车,大型、特大型高级客车,特大型客车不少于 1 辆
	M₂ 类	不少于 3 辆	
按 B 类试验方案		不少于 2 辆	
按变型车试验方案		不少于 2 辆	
按可靠性视同试验方案		不少于 1 辆	

5.5.3 可靠性试验内容及行驶规范

5.5.3.1 可靠性试验包括例行操作(推荐采用)和在各种道路上的可靠性行驶试验。

5.5.3.2 例行操作项目及要求参见附录 A。具体试验时可根据不同车型、试验目的做适当调整

5.5.3.3 可靠性行驶试验须按本标准确定试验方案，并依据所确定的试验方案在国家汽车工业主管部门认可的汽车试验场进行。A 类试验方案的可靠性行驶试验总里程为 30000 km，B 类试验方案的可靠性行驶试验总里程为 15000 km，变型车试验方案的可靠性行驶试验总里程以及各试验方案对应的试验道路里程分配按试验场批准的规范和相关规定执行。推荐将试验道路按比例组成循环，混合行驶。

5.5.3.4 当变型车同时兼有一个以上的变型类别时，其行驶里程应按各相应类别中最长的里程组合；可靠性试验夜间行驶里程应不少于总里程的 20%。

5.5.3.5 对于大型、特大型高级客车和特大型客车的可靠性道路行驶试验，5.5.3.3 中的道路分布有以下不同：

　　a）大型、特大型高级客车山路试验里程可按高速行驶里程，强化坏路按乘用车最轻一级进行；

　　b）特大型客车及低地板城市客车的山路试验里程可按一般公路行驶里程，强化坏路按客车路线最轻一级进行。

5.5.3.6 专用客车及专用装置的可靠性试验依据 QC/T 252 及相关专用装置标准进行试验。

5.5.3.7 燃气类客车、电动客车、混合动力客车等应按照相应的定型试验规范，并参照本标准进行试验。

5.5.4 可靠性评价指标的计算方法

5.5.4.1 可靠性试验后，评价样车的平均故障间隔里程（点估计值、区间估计置信下限值）、平均首次故障里程、各子系统平均当量故障数、综合评定扣分数。

5.5.4.2 可靠性评价指标的计算及统计方法见附录 B。

6 符合性判定

6.1 基本性能和主要技术参数应符合产品技术条件（或产品标准）和相关国家标准要求。

6.2 客车任何系统或总成不得出现致命故障及严重故障。

附录 A

（资料性附录）

例行操作

可靠性试验期间每行驶 300km 应进行下述操作：

A. 1 倒车行驶 10m、制动停车，向前行驶 10m、制动停车，各 5 次；

A. 2 开关发动机舱盖和行李舱门各 2 次；

A. 3 开关各车门 10 次；

A. 4 驾驶员侧窗玻璃启闭 10 次；

A. 5 刮水器工作 2min（可根据需要喷射清洗剂或对风窗玻璃洒水）；

A. 6 组合开关各操作 20 次。

附录 B

（规范性附录）

可靠性评价指标的计算及统计方法

B. 1 可靠性评价指标的计算方法

B. 1. 1 平均故障间隔里程点估计值

$$T_b = \frac{nt}{r} \tag{B.1}$$

式中　T_b——平均故障间隔里程点估计值，km；

　　　n——试验样车数；

　　　t——试验里程，km；

　　　r——所有试验样车发生的各类故障总数，当 $r=0$ 时，按 $r=1$ 计，式（B.1）中"＝"改为"＞"。

B. 1. 2 平均故障间隔里程区间估计置信下限值

$$t_{b1} = \frac{2rT_b}{x^2_{0.1}(2r+2)} \tag{B.2}$$

式中　　　t_{b1}——平均故障间隔里程区间估计置信下限值，km；

　　　　　r——所有试验样车发生的各类故障总数；

　　　　　T_b——平均故障间隔里程点估计值，km；

$x^2_{0.1}(2r+2)$——危险度为 0.1，自由度为 $2r+2$ 的 x^2 分布的单侧分位数。

B.1.3 平均首次故障里程

$$T_1 = \frac{1}{n} \left(\sum_{i=1}^{n} t_i \right) \qquad (B.3)$$

式中　T_1——平均首次故障里程，km；

　　　n——试验样车数；

　　　t_i——第 i 辆样车的首次故障里程，km；当第 i 辆样车在试验期间未发生故障时，t_i 按试验截止里程计，式（B.2）中"="改为">"。

B.1.4 各子系统平均当量故障数

$$C_r = \frac{1}{n} \sum_{i=1}^{4} \varepsilon_i r_i \qquad (B.4)$$

式中　n——试验样车数；

　　　r_i——试验样车某子系统发生第 i 类故障数；

　　　ε_i——第 i 类故障当量故障数。

B.1.5 可靠性行驶检验综合评定扣分数

$$Q_k = \frac{1}{n} \sum_{j=1}^{4} q_{kj} r_j \qquad (B.5)$$

式中　Q_k——可靠性行驶检验综合评定扣分数；

　　　n——试验样车数；

　　　r_j——试验样车发生的第 j 类故障数；

　　　q_{kj}——每发生一次第 j 类故障的扣分数，见附录 C。

B.2 统计方法

B.2.1 整车只计算本质故障，同一零部件发生几处相同模式的故障只计算一次。各子系统除计算本系统发生的本质故障外，还须计算由于其连接、协调、匹配不当造成其他子系统发生的故障。

B.2.2 根据故障的危害程度将故障分为 4 类，其当量故障数、分类原则、故障扣分数见附录 C。

B.2.3 磨合故障不统计，磨合里程不计入可靠性里程。如厂方送样时超出磨合里程，从接车里程开始统计，如果由于试验中某种原因造成公路行驶超出规范中要求的里程，指标统计时按实际里程计算。

附录 C

（规范性附录）

故障分类原则

⊡ 表 C.1　故障分类原则

故障类别	名称	当量故障数	分 类 原 则	各类故障扣分数/分
1	致命故障	20	涉及汽车行驶安全，可能导致人身伤亡或者引起主要总成报废，造成重大经济损失或对周围环境造成严重污染，达不到法规要求	10000
2	严重故障	5	导致主要总成、零部件损坏或性能显著下降，且不能用随车工具和易损备件在短时间（约 30 min）内修复	1000
3	一般故障	1	造成停驶或性能下降，但一般不会导致主要总成、零部件损坏，并可用随车工具和易损备件在短时间（约 30 min）内修复	100
4	轻微故障	0.4	一般不会导致性能下降，不需要更换零件，用随车工具在短时间（5 min）内能轻易排除	20

参考文献

[1] 雷天觉，杨尔庄，李寿刚. 新编液压工程手册 [M]. 北京：北京理工大学出版社，1998：125-155.

[2] 杨尔庄. 环保节能与液压技术 [J]. 液压气动与密封，2005，25（5）：7-15.

[3] 黄兴. 液压传动技术发展动态 [J]. 装备制造技术，2006（1）：36-39.

[4] 杨尔庄. 液压技术发展动向及展望 [J]. 液压气动与密封，2003，23（4）：1-7.

[5] 姜继海. 二次调节静液传动技术 [J]. 液压气动与密封，2000，20（6）：1-3.

[6] 臧发业. 单作用叶片式二次元件的性能研究 [J]. 液压与气动，2005，29（4）：54-56.

[7] 臧发业，郎伟锋. 双作用叶片式二次元件的研究 [J]. 机床与液压，2005，33（9）：84-85.

[8] 臧发业，郎伟锋. 叶片式二次元件的应用研究 [J]. 机械传动，2005，29（6）：84-86.

[9] 萧子渊，徐宝富，范基. 次级调节传动技术 [J]. 液压工业，1988（2）：6-9.

[10] 蒋国平. 静压驱动集成化元件——A4V 通轴泵 [J]. 液压工业，1988（2）：27-31.

[11] 谢卓伟，刘庆和. 新型传动概念——二次调节技术 [J]. 国外工程机械，1989（1）：12-15.

[12] Herbert H K，Camarillo C. Hydraulic transformer：US patent 3627451 [P]. 1971.

[13] 蒋晓夏，刘庆和. 具有能量回收与重新利用功能的二次调节传动系统 [J]. 工程机械，1992（8）：27-30.

[14] 姜继海. 二次调节静液传动系统及控制技术的研究 [D]. 哈尔滨：哈尔滨工业大学，1999：1-26.

[15] Backé W. Kögl C. Secondary controlled motors in speed and torque control. The Second International Symposium on fluid Power [J]. JHPS，Tokyo，1993：241-248.

[16] Kordak R. Dremomentsteuerung bei elektrichen und hydrostatischen Maschinen mit hoher Dynamik [J]. Ölhydraulik und Pneumatik [J]. 1994，38（1-2）：35-37.

[17] 董宏林，吴盛林，姜继海. 液压恒压网络压力控制研究 [J]. 机械工程学报，

2002，38（9）：47-51.

[18] 董宏林. 基于二次调节原理的液压提升装置节能及控制技术研究 [D]. 哈尔滨：哈尔滨工业大学，2002：17-56.

[19] 李翔晟，常思勤. 静液压储能传动车辆动力源系统设计分析 [J]. 南京林业大学学报（自然科学版），2005，29（4）：65-68.

[20] Nikolaus H W. Antribs system mit Hydraulischer Kraftuebertragung Patentan-mel-dung. Nr. 2739968 [P] vom 6. 9. 1997.

[21] Kordark R. Neuartige Antriebskonzeption mit Sekundärgeregelten Hydrostatis-chen Maschinen [J]. Ölhydraulik und Pneumatik，1981，25（5）：387-392.

[22] Vael Georges E M, Achten P A J, Fu Zhao. The Innas hydraulic transformer: The key to the hydrostatic common pressure rail [J]. SAE transaction，2000，109（2）：109-124.

[23] Achten P A J, Fu Zhao, Georges E M , et al. Transforming future hydraulics: A new design of a hydraulic transformer [C]. The Fifth Scandinavian Interna-tional Conference on Fluid Power, SICFP'97 , Linköping , Sweden，1997.

[24] Achten P A J. Hydraulic transformer [P]. WO 97/31185，1997.

[25] Achten P A J, Fu Z. Valving land phenomena of the innas hydraulic transform [J]. International Journal of Fluid Power，2000（1）：39-47.

[26] Achten P A J, Titus vail den Brink, Johan van den Oever. Dedicated design of the hydraulic transformer [C]. 3rd International Fluid Power Conference. Aachen, Germany，2002（2）：233-248.

[27] 欧阳小平，徐兵，杨华勇. 拓宽液压变压器调压范围的新方法 [J]. 机械工程学报，2004，40（4）：33-35.

[28] 徐兵，欧阳小平，杨华勇，等. 液压变压器排量特性 [J]. 机械工程学报，2006，5（增）：89-92.

[29] 欧阳小平，徐兵，杨华勇，等. 液压变压器输出压力特性研究 [J]. 中国机械工程，2006，17（12）：2492-2495.

[30] 欧阳小平，徐兵，杨华勇，等. 液压变压器瞬时流量特性分析 [J]. 机械工程学报，2007，43（11）：44-49.

[31] 卢红影，姜继海. 液压变压器四象限工作特性研究 [J]. 哈尔滨工业大学学报，2009，41（1）：62-66.

[32] 刘成强，姜继海. 斜盘柱塞式液压变压器的扭矩特性 [J]. 华南理工大学学报（自然科学版），2011，39（6）：24-28.

[33]　刘成强，姜继海. 斜盘柱塞式液压变压器的流量特性 [J]. 吉林大学学报（工学版），2012，42（1）：85-90.

[34]　刘成强，姜继海，高丽新，等. 电液伺服斜盘柱塞式液压变压器配流盘缓冲槽 [J]. 哈尔滨工业大学学报，2013，45（7）：53-56.

[35]　陈真炎. DA 控制阀的运动机理分析与运用 [J]. 液压工业，1991（2）：12-14.

[36]　姚晓频. A4V 泵的变量调节系统 [J]. 工程机械，1998（12）：24-25.

[37]　臧发业. 双作用叶片式二次元件的工作机理与性能研究 [J]. 中国机械工程，2006，17（6）：601-604.

[38]　Mordas J B. Accumulator: A pump's best friend [J]. Hydraulics and Pneumatics，1999，52（4）：1-6.

[39]　Lindgren Andrew，Killing Bernd. Accumulation of knowledge enhances hydraulic circuits [J]. British Plastics and Rubber，2005（APR.）：14-15.

[40]　Corey G P. Batteries for Stationary Standby and for Stationary Cycling Applications Part 6: Alternative Electricity Storage Technologies [C]，2003 IEEE Power Engineering Society General Meeting，Conference Proceedings，Toronto，Canada，2003：164-69.

[41]　CHAN C C. The state of the art of electric and hybrid vehicles [J]. Proceedings of the IEEE，2002，90（2）：247-275.

[42]　Truong Long，Wolff Fred，Dravid Narayan，et al. Simulation of the interaction between flywheel energy storage and battery energy storage on the international space station [C]. Proceedings of the Intersociety Energy Conversion Engineering Conference，Las Vegas，USA，2000：848-854.

[43]　Burke A. The present and projected performance and cost of double-layer Pseudo-capacitive ultra-capacitors for hybrid vehicle applications [C]. Vehicle Power and Propulsion，2005 IEEE Conference，2005：356-366.

[44]　张惠妍. 超级电容器直流储能系统分析与控制技术的研究 [D]. 北京：中国科学院，2006：3-10.

[45]　Jung Do Yang，Kim Young Ho，Kim Sun Wook，et al. Development of Ultracapa-citor modules for 42V automotive electrical systems [J]. Journal of Power Sources，2003，114（2）：366-373.

[46]　Dell R M，Rand D A J. Energy storage—A key technology for global energy sustainability [J]. Journal of Power Sources，2001，100（1-2）：2-17.

[47]　Lawrence Roger G，Craven Kim L，Nichols Gary D. Flywheel UPS [J]. IEEE

Industry Applications Magazine, 2003, 9 (3): 44-50.

[48] Paulo F Ribeiro, Brian K Johnson, Mariesa L Crow, et al. Energy Storage Systems for Advanced Power Applications [J]. Proceedings of the IEEE, 2001, 89 (12): 1744-1756.

[49] Alexander Kusko, Sc D, P E, et al. Short-Term, Long-Term, Energy Storage Methods for Standby Electric Power Systems [C]. 2005 IEEE Industry Applications Conference, 40th IAS Annual Meeting, Hong Kong, China, 2005: 2672-2678.

[50] Liu Haichang, Jiang Jihai. Flywheel Energy Storage—A Upswing Technology for Energy Sustainability [J]. Energy and Buildings, 2007, 37 (5): 599-604.

[51] Jiang Jihai, Liu Haichang. Recovery Energy Efficiency of a System Integrated with Flywheel Energy Storage Unit [C]. The 11th international conference on mechatronics technology, ICMT2007, Ulsan, Corea, 2007: 376-379.

[52] Jihai Jiang, Haichang Liu, Celestine O. Nonlinear H Infinity Control in Frequency Domain of Hydrostatic Transmission System with Secondary Regulation via GFRF [C]. Intelligent Control and Automation, 2006. WCICA 2006. The Sixth World Congress, Dalian, China, 2006 (2): 6416-6420.

[53] Haichang Liu, Jihai Jiang, Celestine O. Nonlinear control via exact linearization for hydrostatic transmission system with secondary regulation [C]. 1st International Symposium on Systems and Control in Aerospace and Astronautics, Harbin, China, 2006: 868-871.

[54] Wohlfahrt Mehrens M, Schenk J, Wilde P M, et al. Materials for super Capacitors [J]. Journal of Power Sources, 2002, 105 (2): 80-86.

[55] Backé W, Murrenhoff H. Regelung eines Verstellmotors an einem Konstant-Druck -Netz [J]. Ölhydraulik und Pneumatik, 1981, 25 (8): 635-642.

[56] Kordak R. Praktische Auslegung Sekundärgereglter Antriebssysteme [J]. Ölhydraulik und Pneumatik, 1982, 26 (11): 795-800.

[57] Murrenhoff H, Kupiek H P. Elektrohydraulische Drehzahl-und Lageregelung Für Verstellmotorren am Konstant drucknetz [J]. Ölhydraulik und Pneumatik, 1983, 26 (12): 892-900.

[58] Haas H J. Drehzahl und Lageregelung von Verstellmotoren an einem zentralen Drucknetz [J]. Ölhydraulik und Pneumatik, 1986, 30 (12): 909-914.

[59] Backé W. Elektrohydraulische Regelung von Verdrangereinheit [J]. Ölhydraulik

und Pneumatik, 1987, 31 (20): 770-782.

[60] Metzer F. Kennwerte der Dynamik Sekundärdrehzahlgeregelter Arialkol-benein-heiten am einseprägten Drucknetz [J]. Ölhydraulik und Pneumatik, 1986, 30 (3): 184-201.

[61] Metzer F. Mikropropzessorgesteute, digitale Drehwinkelregelung von Axialkol-beneinheit [J]. Ölhydraulik und Pneumatik, 1987, 31 (7): 567-572.

[62] Backé W, Kögl Ch. Secondary controlled motors in speed and torque control [C]. The Second International Symposium on fluid Power, JHPS, Tokyo, 1993: 241-248.

[63] Kordak R. Dremomentsteuerung bei elektrichen und hydrostatischen Maschinen mit hoher Dynamik [J]. Ölhydraulik und Pneumatik, 1994, 38 (1-2): 35-37.

[64] Werndin Ronnie, Palmberg J O. Controller design for a hydraulic Transformer [C]. Proceedings of the Fifth International Conference on Fluid Power Trans-mission and Control (ICFP'2001), Hangzhou, China, 2001: 56-61.

[65] 刘庆和, 谢卓伟, 付永领. 二次转速调节静液压驱动系统调速特性分析 [J]. 工程机械, 1989 (3): 16-20.

[66] 谢卓伟, 付永领, 刘庆和. 二次转速调节静液压驱动系统的微机数字闭环控制 [J]. 工程机械, 1990 (11): 29-32.

[67] 蒋晓夏, 刘庆和. 微机控制二次调节系统输出转角的研究 [J]. 机械工程师, 1994 (4): 1-2.

[68] 金力民, 路甬祥, 吴根茂. 采用非线性补偿算法克服二次调节系统的低速滞环 [J]. 液压与气动, 1991, 15 (3): 6-8.

[69] 姜继海, 徐志进, 刘宇辉. 二次调节静液传动位置系统的模糊控制和试验研究 [J]. 哈尔滨工业大学学报, 1998, 30 (6): 45-50.

[70] 田联房, 于慈远, 刘庆和, 等. 次级调节液压加载实验台的模糊控制器研究设计 [J]. 机床与液压, 1998, 26 (1): 5-6.

[71] 田联房, 张日华, 李尚义, 等. 次级调节伺服加载实验台研究 [J]. 机床与液压, 1997, 25 (2): 10-12.

[72] 战兴群, 曹健, 姜继海. 次级调节静液传动技术节能特性研究 [J]. 机床与液压, 1997, (2): 10-12.

[73] 姜继海, 刘海昌, Okoye C N. 基于 GFRF 的二次调节流量耦联系统的频域非线性 H_∞ 控制 [J]. 控制理论与应用, 2008, 25 (1): 91-94.

[74] 刘涛，刘清河，姜继海. 静液传动系统自适应模糊滑模控制 [J]. 农业机械学报，2010，41（1）：29-33.

[75] 李国友，周巧玲，张广路，等. 二次调节转速系统的自适应神经模糊 PID 控制 [J]. 机床与液压，2010，38（21）：95-98.

[76] 汤迎红. 二次调节加载系统模糊解耦控制研究 [J]. 机械科学与技术，2014，33（4）：588-591.

[77] Galaz M，Ortega R，Bazanella A S，et al. An energy-shaping approach to the design of excitation control of synchronous generators [J]. Automatica，2003，39（1）：111-119.

[78] Ortega R，Galaz M，Astolfi A，et al. Transient stabilization of multimachine power systems with nontrivial transfer conductances [J]. IEEE Trans. on Automat. Contr.，2005，50（1）：60-75.

[79] Xi Z，Cheng D，Lu Q，et al. Nonlinear decentralized controller design for multimachine power systems using Hamiltonian function method [J]. Automatica.，2002，38（3）：527 – 534.

[80] 王玉振. 广义 Hamilton 控制系统理论——实现、控制与应用 [M]. 北京：科学出版社，2007：16-73.

[81] Wang Y，Cheng D，Hu X. Problems on time-varying Hamiltonian systems：geometric structure and dissipative Hamiltonian realization [J]. Automatica，2005，41（5）：717-723.

[82] Wang Y，Cheng D，Li C，et al. Dissipative Hamiltonian realization and energy based L2-disturbance attenuation control of multimachine power systems. IEEE Trans. On Autom. Contr.，2003，48（8）：1428-1433.

[83] Holz W. Power Matching Control（secondary Regulation）[J]. Rexroth Information Quarterly，1988（1）：17-24.

[84] R. Kordak R. Autrieb mit Sekundaerregelung ［J］. Auflage. Mannesmann Rexroth GmbH，1996（1）：147-149.

[85] Z. Bigniew Pawelski，Roberto Parisi，Michael Teuteberg. Installing Rexroth drive device on old type bus [J]. Rexroth Information Quarterly，1997（1）：27-28.

[86] R. E. Parisi. Gaining oil boom by hydraulic drive [J]. Rexroth Information Quarterly，1998（1）：16-18.

[87] US Environmental Protection Agency. World's First Full Hydraulic Hybrid

SUV Presented at 2004 SAE Wold Congress [EB/OL]. (2004-03) [2006-06-24]. http：//www. epa. gov/otaq/technology/420f04019. pdf.

[88] Ma W D, Sento Yayoi, Ikeo Shigeru, et al. A hydraulic cylinder drive using constant pressure system [C]. Proceedings of the Fifth International Conference on Fluid Power Transmission and Control (ICFP'2001), Hangzhou, China, 2001：1-4.

[89] Dantlgraber Jorg. Hydrostatic drive system for an injection molding machine and a method for operating such a drive system [P]. WO 00/07796, 2000.

[90] 闫雨良，陈良华，陈宗，等. 恒压液压网络上马达调速特性实验研究 [J]. 液压与气动，1990，14 (3)：26-28.

[91] 蒋国平. 利用次级传动技术的功率回收液压实验台 [J]. 液压工业，1989 (4)：30-32.

[92] 范基，王志兰. 次级调节的节能液压系统研制 [J]. 液压与气动，1991，15 (2)：16-17.

[93] 赵春涛，姜继海，曹健，等. 新型二次调节静液汽车传动系统 [J]. 汽车技术，2001 (1)：4-6.

[94] 顾临怡，邱敏秀，金波. 由液压总线和开关液压源构成的新原理液压系统 [J]. 机械工程学报，2003，39 (1)：84-88.

[95] 陈华志，苑士华. 城市用车辆制动能量回收的液压系统设计 [J]. 液压与气动，2003，27 (4)：44-47.

[96] 韩文，常思勤. 液压技术在车辆制动能量回收的研究 [J]. 机床与液压，2003，31 (6)：247-248.

[97] 刘宇辉，姜继海，刘庆和. 基于二次调节技术的液压抽油机节能原理 [J]. 机床与液压，2004，32 (10)：43-45.

[98] 刘晓春. 二次调节流量耦联系统在位能回馈电网中的应用研究 [D]. 哈尔滨：哈尔滨工业大学，2005：1-13.

[99] 孙辉. 二次调节静液传动车辆的关键技术及其优化研究 [D]. 哈尔滨：哈尔滨工业大学，2009：40-51.

[100] 王俊倩，吴涛，等. 串联型液压混合动力车辆的参数匹配与动力性能仿真 [J]. 西华大学学报 (自然科学版)，2015，34 (1)：60-65.

[101] 欧阳小平，徐兵，杨华勇. 液压变压器及其在液压系统中的节能应用 [J]. 农业机械学报，2003，34 (5)：100-104.

[102] 林述温，花海燕. 1种挖掘机恒压网络二次调节液压系统及其能耗分析 [J].

中国工程机械学报，2009，7（1）：52-57.

[103] 董宏林，姜继海，吴盛林. 液压变压器的原理及其在二次调节系统中的应用 [J]. 液压与气动，2001，25（11）：30-32.

[104] 姜继海，于安才，沈伟. 基于 CPR 网络的全液压混合动力挖掘机 [J]. 液压与气动，2010，24（9）：44-48.

[105] 于安才，姜继海. 液压混合动力挖掘机回转装置控制方式的研究 [J]. 西安交通大学学报，2011，45（7）：30-33.

[106] 沈伟，姜继海，王克龙. 液压变压器控制挖掘机动臂油缸动态分析 [J]. 农业机械学报，2013，44（4）：27-32.

[107] William S, Chao. Brake Hydraulic System Resonance Analysis [J]. SAE 975504，1329-1332.

[108] 赵春涛. 车辆串联混合系统中二次调节静液传动技术的研究 [D]. 哈尔滨：哈尔滨工业大学，2001.

[109] 臧发业. 双作用叶片式二次元件：200410035765.5 [P]. 2009.

[110] 臧发业. 单作用叶片式二次元件：200410035764.0 [P]. 2009.

[111] 臧发业，吴芷红，郑澈. 双作用叶片式液压变压器：200910015198. X [P]. 2010.

[112] 臧发业，戴汝泉，陈勇，等. 一种单作用叶片式液压变压器：200910016761.5 [P]. 2011.

[113] 臧发业，戴汝泉，孔祥臻. 一种非恒压网络下二次调节传动系统的蓄释能控制方法：200810017123.0 [P]. 2010.

[114] 臧发业. 非恒压网络下二次调节传动系统的蓄释能控制 [J]. 液压气动与密封，2010，30（2）：51-54.

[115] Kong Xiangzhen, Zang Faye. Intelligent Hybrid Control for Secondary Regulation Transmission System [C]. Proceedings of the IEEE International Conference on Automation and Logistics Shenyang, China August 2009. 2009：726-729.

[116] 苏东海，汪明霞. 现代控制理论在二次调节转速系统中的应用 [J]. 机床与液压，2006，34（5）：120-121.

[117] Wei Y, Qiu J, Karimi H. Quantized H_∞ Filtering for Continuous-Time Markovian Jump Systems with Deficient Mode Information [J]. Asian Journal of Control，2015，17（5）：1914-1923.

[118] Wei Y, Qiu J, Karimi H, et al. Filtering design for two-dimensional Mark-

ovian jump systems with state-delays and deficient mode information [J]. Information Sciences, 2014 (269): 316-331.

[119] Wei Y, Qiu J, Karimi H, et al. Model approximation for two-dimensional Markovian jump systems with state-delays and imperfect mode information [J]. Multidimensional Systems and Signal Processing, 2015, 26 (3): 575-597.

[120] Wei Y, Qiu J, Fu S. Mode-dependent non-rational output feedback control for continuous-time semi-Markovian jump systems with time-varying delay [J]. Nonlinear Analysis: Hybrid Systems, 2015 (16): 52-71.

[121] Wei Y, Qiu J, Lam H K, et al. Approaches to T-S Fuzzy-Affine-Model-Based Reliable Output Feedback Control for Nonlinear Ito Stochastic Systems [J]. IEEE Transactions on Fuzzy Systems, 2016, 99 (3): 1.

[122] Wang T, Zhang Y, Qiu J, et al. Adaptive Fuzzy Backstepping Control for A Class of Nonlinear Systems With Sampled and Delayed Measurements [J]. IEEE Transactions on Fuzzy Systems, 2015, 23 (2): 302-312.

[123] Wang T, Gao H, Qiu J. A Combined Fault-Tolerant and Predictive Control for Network-Based Industrial Processes [J]. IEEE TIE, 2016, 63 (4): 2529-2536.

[124] Li L, Ding S X, Qiu J, et al. Weighted fuzzy observer-based fault detection approach for discrete-time nonlinear systems via piecewise fuzzy Lyapunov functions [J]. IEEE Trans. Fuzzy Syst, 2016, 24 (6): 1.

[125] Qiu J, Ding S X, Gao H, et al. Fuzzy-model based reliable static output feedback H_∞ control of nonlinear hyperbolic PDE systems [J]. IEEE Trans. Fuzzy Syst, 2015, 24 (2): 1.

[126] 刘涛, 胡淑荣, 罗念宁, 等. 静液传动混合动力车辆控制策略优化 [J]. 哈尔滨工业大学学报, 2011, 43 (9): 86-90.

[127] John Henry, Lumkes J R. Design, Simulation, and Testing of An Energy Storage Hydraulic Vehicle Transmission and Controller [D]. Madison: University of Wisconsin-Madison, 1997.

[128] 刘涛, 姜继海. 静液传动混合动力车辆再生制动研究 [J]. 哈尔滨工业大学学报, 2010, 42 (9): 1449-1453.

[129] Frank J Fronczak, Norman H Beachley. An Integrated Hydraulic Drive Train System for Automobiles [C]. Proceeding of the 8th International Symposium

on Fluid Power . US, 1991: 199-215.

[130] Robyn A J, Paul S, Steven B. Physical System Model of a Hydraulic Energy Storage Device for Hybrid Powertrain Applications [J]. SAE Paper 2005-01-0810. 2005.

[131] Nukazawa Norio, Kono Yoichiro. Development of a Braking Energy Regeneration System for City Buses [J]. SAE 872265.

[132] Paul M, Jacek S. Development and Simulation of a Hydraulic Hybrid Powertrain for Use in Commercial Heavy Vehicles [J]. SAE Paper No. 2003-01-3370.

[133] 臧发业, 戴汝泉. 基于二次调节技术的公交汽车传动系统性能研究 [J]. 武汉理工大学学报 (交通科学与工程版), 2006, 30 (3): 549-552.

[134] 臧发业. 双作用叶片式二次元件在车辆传动系统中的应用 [J]. 农业机械学报, 2006, 37 (3): 8-11.

[135] 李毅, 万衡, 李慕君. 基于 ARM 的机器人移动底盘设计 [J]. 华东理工大学学报 (自然科学版), 2008, 34 (5): 755-756.

[136] 谢霞, 康少华, 侍才洪. 复杂地形移动底盘技术研究 [J]. 工程机械, 2015, 46 (3): 49-50.

[137] 孙杰, 郭帅, 李红哲. 下肢康复机器人移动底盘设计与分析 [J]. 计量与测试技术, 2017, 44 (10): 5-6.

[138] 陈骏. 移动机器人通用底盘设计与研究 [D]. 杭州: 杭州电子科技大学, 2011: 16-25.

[139] 季长明. 面向室外清扫作业的机器人移动平台研制 [D]. 北京: 北京邮电大学, 2019: 11-17.

[140] 刘宇辉. 液压蓄能器储能型二次调节流量耦联系统研究 [D]. 哈尔滨: 哈尔滨工业大学, 2010: 30-39.

[141] 张树忠, 邓斌, 曹树森, 等. 挖掘机 LUDV 液压系统的能量流研究 [J]. 机械科学与技术, 2010, 29 (1): 94-99.